RAL·NEU 研究报告　No. 0029

超快速冷却条件下低碳钢中纳米碳化物析出控制及综合强化机理

轧制技术及连轧自动化国家重点实验室
（东北大学）

北　京

冶 金 工 业 出 版 社

2020

内 容 简 介

　　本研究报告介绍了东北大学轧制技术及连轧自动化国家重点实验室在超快冷条件下低碳钢中纳米碳化物析出控制研究方面的最近进展。报告主要包括：钢中纳米碳化物析出的研究现状、碳化物析出热力学与动力学计算、微合金碳化物及铁碳化物析出行为及强韧化机理研究、铁碳合金中纳米级渗碳体析出的热力学解析、超快冷条件下碳素钢中渗碳体的析出行为研究等、纳米析出物强化工艺的工业化应用。

　　本书可供材料、冶金、机械、化工等领域的科研人员及高等院校相关专业师生参考。

图书在版编目（CIP）数据

　　超快速冷却条件下低碳钢中纳米碳化物析出控制及综合强化机理/轧制技术及连轧自动化国家重点实验室（东北大学）著. —北京：冶金工业出版社，2019. 2（2020. 10 重印）
　　（RAL·NEU 研究报告）
　　ISBN 978-7-5024-8007-3

　　Ⅰ.①超… Ⅱ.①轧… Ⅲ.①冷却速度—影响—低碳钢—研究 Ⅳ.①TG142.31

　　中国版本图书馆 CIP 数据核字（2019）第 027547 号

出 版 人　苏长永
地　　址　北京市东城区嵩祝院北巷 39 号　邮编　100009　电话　（010）64027926
网　　址　www. cnmip. com. cn　电子信箱　yjcbs@ cnmip. com. cn
策　　划　任静波　责任编辑　卢　敏　美术编辑　彭子赫
版式设计　孙跃红　责任校对　卿文春　责任印制　李玉山
ISBN 978-7-5024-8007-3
冶金工业出版社出版发行；各地新华书店经销；北京虎彩文化传播有限公司印刷
2019 年 2 月第 1 版，2020 年 10 月第 2 次印刷
169mm×239mm；13.5 印张；207 千字；200 页
58.00 元
冶金工业出版社　投稿电话　（010）64027932　投稿信箱　tougao@cnmip. com. cn
冶金工业出版社营销中心　电话　（010）64044283　传真　（010）64027893
冶金工业出版社天猫旗舰店　yjgycbs. tmall. com
　　　　　　　（本书如有印装质量问题，本社营销中心负责退换）

研究项目概述

1. 研究项目背景与立题依据

钢铁材料不断向高强度高韧性方向发展，纳米析出强化作为细晶强化之外的重要强化方式，其脆性矢量相对较小，对抗拉强度和屈服强度的提升大致相当，对屈强比的影响较小，是钢铁材料发展的重要方向。在钢中绝大部分情况下析出相与位错是通过 Orowan 机制起强化作用，这时细化析出相的尺寸尤为重要。控制钢中碳化物的析出相尺寸，使其在纳米尺度上弥散分布，可在体积分数很小的情况下获得显著的强化效果，例如质量分数 0.08% 的 C 以 1nm 的 TiC 粒子析出时，理论上可获得 700MPa 的强度增量。同时，采用纳米碳化物析出强化的钢材，原料和工艺成本均比较低。因此，研究钢中纳米碳化物析出，并对其有效控制，对于发展高性能钢材具有重要的意义。

近年来，东北大学开发的超快速冷却（Ultra Fast Cooling）技术是钢铁制造"资源节约、节能减排"的绿色新技术，它具有冷却能力强、冷却速度调节范围广、冷却均匀性好、冷却方式灵活等优点。新一代控轧控冷技术以超快冷为核心，其要点是：（1）在奥氏体区间"趁热打铁"，在适于变形的温度区间完成连续大变形和应变积累，得到硬化的奥氏体；（2）轧后立即进行超快速冷却，使轧件迅速通过奥氏体相区，保持轧件奥氏体硬化状态；（3）在奥氏体向铁素体相变的动态相变点终止冷却；（4）后续依照材料组织和性能的需要进行冷却路径的控制。目前，新一代控轧控冷技术已在国内鞍钢、首钢、南钢、福建三钢及湖南涟钢等中厚板和热连轧生产线等二十余条生产线实现推广应用。与传统控轧控冷工艺相比，新一代控轧控冷技术在钢中析出物的控制上有着较为明显的优势：（1）抑制热轧过程中的应变诱导析出，使更多微合金元素保留到铁素体或贝氏体相变区，析出尺寸细小，明显地提高钢材的强度；（2）避免常规冷却过程中碳化物在穿越奥氏体区及高温铁素体区期间析出，并抑制冷却过程中析出物的长大；（3）通过精准的冷却路径控制，可获得最佳的碳化物析出工艺窗口。因此，研究和发展以超快冷为核心的新一代控轧控冷条件下钢中纳米碳化物控制技术，并实现其对钢材有效的强韧化，对发展新一代高性能钢铁材料具有重要的意义。

随着科技的发展，钢中纳米碳化物的观察方法也在不断地进步，新的表征手段包括高分辨透射电镜分析技术（high resolution transmission electron microscopy，HRTEM）、原子探针断层摄影（atom probe tomography，APT）技术，利用 HRTEM 可以对钢中碳化物的二维形貌、晶体学结构及其与基体的取向关系进行分析，HRTEM 的制样制备手段包括薄膜试样、萃取复型以及等离子束切割（focused ion beam，FIB）等，为钢中纳米析出物更深层次的分析和理解提供了条件。其中 APT 技术可在原子尺度对钢的微观结构进行鉴定，同时还能探测到纳米碳化物的三维空间分布信息以及碳化物形成元素的分布，其工作原理是先在针尖试样上施加 1~15kV 的正高压，使得样品表面原子处于电离状态，之后在样品尖端处施加脉冲电压或激光，使得表面处于电离状态的原子被激发，后续离子通过管道飞向位置敏感器，探测器接收到其在尖端表面的二维坐标。飞行质谱仪可以确定原子的质量电荷比从而确定其元素种类，后续通过三维构图软件 Image Visualization and Analysis Software（IVAS）还原其样品尖端原子三维分布。因此，结合新型表征技术，通过对钢中纳米碳化物的析出进行定量分析，可为理解、发展和控制钢中纳米析出物提供了基础。

本研究就是在上述背景下展开的，并得到了国家自然科学基金委项目"超快速冷却条件下低碳钢中纳米碳化物析出控制及综合强化机理（项目批准号 51234002）"的资助。项目通过研究超快冷条件下低碳钢中纳米碳化物析出相的控制机理与工艺，形成低碳钢中纳米碳化物类型、尺寸、数量、分布等特征的控制理论与技术，充分发挥析出强化作用，在不添加或少添加微合金元素的条件下，显著提高钢材的综合性能。本项目研究成果的推广可以较大幅度挖掘钢铁材料的性能潜力、实现合金减量化设计、减少开发和生产成本，达到节能降耗的目的，产生良好的经济和社会效益。本研究将为发展析出强化型和综合强化型高性能钢提供物理冶金学指导，所形成的理论和技术可推广应用于其他金属材料领域，具有重要的科学意义。

2. 研究进展与成果

（1）理论研究。

1）采用热力学模型研究了 Ti、Nb、V、C 和 N 的名义成分及析出相类型对基体平衡成分及析出相析出量的影响。结果表明，当析出发生在奥氏体中时，随 Ti 成分的增加，Nb、V、C 和 N 开始参与形成析出相的温度逐渐升高且基体中它们的平衡摩尔分数降低；随 C 成分的增加，Ti、Nb、V 和 N 的开始参与形成析出相的温度逐渐升高且基体中它们的平衡摩尔分数降低；V 成分的改变对 Ti、Nb、C 和 N 的析出行为无影响。当析出相为缺位型时，基体中各组元摩尔分数比理想型时高。随温度降低，析出相由富 Ti 和 N 向富 Nb、V 和 C 转变。

2）根据 KRC 和 LFG 模型提出的 Fe-C 合金的奥氏体相变机制，系统地计算了过冷奥氏体的相变驱动力，从热力学的角度分析了过冷奥氏体分解析出纳米级渗碳体颗粒的可能性和规律性。

（2）实验室基础研究。

1）研究了不同超快速冷却工艺条件下，不同微合金元素添加对低碳微合金钢析出行为的影响规律：通过控制超快冷工艺条件可以获得纳米渗碳体与微合金碳化物共存型高强钢。对其进行定量分析可知，纳米渗碳体由于体积分数较大，可以获得比 TiC 更大的析出强化增量，两者共同析出强化量可达 350 MPa；对 Nb-V 微合金钢进行复核析出机制研究，得出随等温时间的延长析出物中 V 的比例逐渐增大。

2）利用超快速冷却技术，通过控制轧后冷却温度，研究了四种不同碳含量的亚共析钢热轧后组织中渗碳体的析出行为和强化机制，实现了在无微合金元素添加的条件下渗碳体的纳米级析出。

（3）工业应用情况。

本项目的研究工作为热轧板带钢减量化工业生产与产品升级提供了理论支撑，利用纳米粒子的析出强化作用实现了热轧板带钢节约型合金体系及工艺设计，取得以下成效：

1）基于纳米渗碳体的析出强化行为，针对 C-Mn 结构钢采取了 Mn 减量化的设计思想，通过减少 Mn 的偏析和提高轧后冷却速率的方式，消除了带状组织，提高了组织均匀性和性能稳定性，实现绿色化工业生产。

2）针对 Q460C 中厚板产品，采用 Nb-Ti 微合金化，通过控制轧制过程中形成的纳米尺度 NbTi（C，N）析出物，综合利用碳化物析出强化和铁素体晶粒细化，改善了钢材的组织性能，降低了生产成本。

3）对于 V 微合金化 Q550D 中厚板，通过控制轧制过程中形成的纳米尺度 V（C，N）析出物，促进了针状铁素体形核，综合利用析出强化和针状铁素体组织强化作用，保证了钢板心部的强韧性。

4）相关技术成果已经推广至鞍钢、南钢、宝武韶钢和三明钢厂等多条板带生产线。其中，鞍钢采用节约型成分设计路线，低合金钢元素用量与常规产品相比降低 20% 以上；南钢中厚板生产线通过超快冷工艺，开发 8~50mm 规格的低成本 Q345 系列产品，吨钢降本 40~60 元，年累计节约成本 2000 万元以上；韶钢开发的低成本系列产品通过减少 Mn 的添加量，吨钢成本下降 25~40 元，累计节约成本 500 万元以上；三明中板厂 2014~2016 年生产合格的升级板分别为 357414.963t、277704.416t 和 359236.485t，三年累计新增利润 5795.53 万元，新增税收 27554.30 万元。

3. 论文

（1）Wang Zhaodong, Wang Bin, Li Yanmei, Wang Bingxing, Wang Guodong. Refined and Uniform Microstructure with Superior Mechanical Properties in Medium Plate Microalloyed Steel with Reduction in Mn-Content during Ultrafast Cooling [J]. Materials Science Forum, 2017, 879 (11): 2066~2071.

（2）Yang Yong, Li Tianrui, Jia Tao, Wang Zhaodong, Misra R D K. Dynamic recrystallization and flow behavior in low carbon Nb-Ti microalloyed steel [J]. Steel Research International, 2018, 89 (4): 1700395.

（3）Yang Yong, Li Tianrui, Jia Tao, Wang Zhaodong, Misra R D K. Modelling of precipitation behavior of complex precipitates in ferrite and validation with experiment [J]. Steel Research International, 2018, 89 (5): 1700466.

（4）Yang Yong, Li Tianrui, Jia Tao, Wang Zhaodong. Precipitation kinetics of complex precipitate in multicomponent systems [J]. Iron and Steel Research International, 2018, 25 (10): 1086~1093.

(5) Li Xiaolin, Deng Xiangtao, Wang Guodong, Misra R D K, Wang Zhaodong. The Determining Role of Finish Cooling Temperature on the Microstructural Evolution and Precipitation Behavior in an Nb-V-Ti Microalloyed Steel in the Context of Newly Developed Ultrafast Cooling [J]. Metallurgical and Materials Transactions A-Physical Metallurgy and Materials Science, 2016, 47A (5): 1929~1938.

(6) Deng Xiangtao, Fu Tianliang, Wang Zhaodong, Liu Guohuai, Wang Guodong, Misra R D K. Extending the Boundaries of Mechanical Properties of Ti-Nb Low-Carbon Steel via Combination of Ultrafast Cooling and Deformation During Austenite-to-Ferrite Transformation [J]. Metals and Materials International, 2017, 23 (1): 175~183.

(7) Li X L, Lei C S, Tian Q, Deng X T, Chen L, Gao P L, Du K P, Du Y, Yu Y G, Wang Z D, Misra R D K. Nanoscale cementite and microalloyed carbide strengthened Ti bearing low carbon steel plates in the context of newly developed ultrafast cooling [J]. Materials Science and Engineering A-Structural Materials Properties Microstructure and Processing, 2017, 698 (6): 268~276.

(8) Li Xiaolin, Lei Chengshuai, Deng Xiangtao, Li Yanmei, Tian Yong, Wang Zhaodong, Wang Guodong. Carbide Precipitation in Ferrite in Nb-V-Bearing Low-Carbon Steel During Isothermal Quenching Process [J]. ACTA Metallurgica SINICA—English Letters, 2017, 30 (11): 1067~1079.

(9) Li Xiaolin, Wang Zhaodong, Deng Xiangtao, Li Yanmei, Lou Haonan, Wang Guodong. Precipitation behavior and kinetics in Nb-V-bearing low-carbon steel [J]. Materials Letters, 2016, 182 (6): 6~9.

(10) Li X L, Lei C S, Deng X T, Wang Z D, Yu Y G, Wang G D, Misra R D K. Precipitation strengthening in titanium microalloyed high-strength steel plates with new generation-thermomechanical controlled processing (NG-TMCP) [J]. Alloys and Compounds, 2016, 689 (12): 542~553.

(11) Yang Yong, Wang Bin, Wang Zhaodong, Li Yanmei, Wang Guodong, Misra R D K. Modeling the Precipitation Kinetics of Cementite in Bainite in 0.17% Carbon Steel [J]. Materials Science Forum, 2017, 298 (6): 832~839.

(12) Wang Bin, Wang Zhaodong, Wang Bingxing, Wang Guodong, Misra

R D K. The Relationship Between Microstructural Evolution and Mechanical Proper-ties of Heavy Plate of Low-Mn Steel During Ultra Fast Cooling [J]. Metallurgical and Materials Transactions A-Physical Metallurgy and Materials Science, 2015, 46A (7): 2834~2843.

(13) 杨永，王昭东，李天瑞，贾涛，李小琳，王国栋. 一种第二相析出-温度-时间曲线计算模型的建立 [J]. 金属学报，2017, 53 (1): 123~128.

(14) 李小琳，王昭东，邓想涛，张雨佳，类承帅，王国栋. 超快冷终冷温度对含 Nb-V-Ti 微合金钢组织转变及析出行为的影响 [J]. 金属学报，2015 (7): 784~790.

(15) 李小琳，王昭东. 含 Nb-Ti 低碳微合金钢中纳米碳化物的相间析出行为 [J]. 金属学报，2015 (4): 417~424.

(16) 杨永，王昭东，贾涛，李艳梅. 普适的碳氮化物析出热力学模型的建立 [J]. 东北大学学报 (自然科学版)，2017, 38 (10): 1394~1398.

(17) 李小琳，王昭东. 含 Nb-Ti 低碳微合金钢纳米碳化物析出行为 [J]. 东北大学学报 (自然科学版)，2015, 36 (12): 1701~1705.

(18) 李小琳，邓想涛，李艳梅，王昭东. Nb-V 低碳微合金钢等温淬火过程中微合金碳化物的析出行为研究 [J]. 东北大学学报 (自然科学版)，2018 (12).

4. 项目完成人员

主要完成人	职　　称	单　　位
王国栋	教授 (院士)	东北大学 RAL 国家重点实验室
王昭东	教授	东北大学 RAL 国家重点实验室
李艳梅	副教授	东北大学 RAL 国家重点实验室
邓想涛	副教授	东北大学 RAL 国家重点实验室
王斌	讲师	东北大学 RAL 国家重点实验室
李小琳	博士生	东北大学 RAL 国家重点实验室
杨永	博士生	东北大学 RAL 国家重点实验室
赵永畅	硕士生	东北大学 RAL 国家重点实验室
张雨佳	硕士生	东北大学 RAL 国家重点实验室
张健 (2015 级)	硕士生	东北大学 RAL 国家重点实验室
张健 (2016 级)	硕士生	东北大学 RAL 国家重点实验室

5. 报告执笔人

王昭东、李艳梅、王斌、邓想涛、李小琳、杨永。

6. 致谢

本研究是在东北大学轧制技术及连轧自动化国家重点实验室王国栋院士的悉心指导下，在课题组成员的精诚合作下完成的。本研究依托国家自然科学基金重点项目"超快速冷却条件下低碳钢中纳米碳化物析出控制及综合强化机理"，项目完成过程中，实验室完善的装备条件和先进的检测手段，为本研究创造了良好的研究环境。衷心感谢实验室各位领导、相关老师和工程技术人员所给予的热情帮助和大力支持。同时感谢北京矿冶研究总院、鞍钢、南钢、宝武韶钢和三明钢厂等单位给予本研究的宝贵支持和密切配合！

目　　录

摘要 ……………………………………………………………………… 1

1　绪论 ………………………………………………………………… 4

　1.1　控制纳米碳化物析出相对发展高性能钢具有重要意义 ………… 4

　1.2　钢中纳米碳化物析出相形核及粗化机理………………………… 4

　　1.2.1　析出相强韧化机理 ………………………………………… 4

　　1.2.2　析出相形核率影响因素 …………………………………… 8

　　1.2.3　析出相稳定性影响因素 …………………………………… 10

　1.3　钢中典型析出相类型及优势 ……………………………………… 12

　1.4　钢中纳米碳化物析出的研究现状及分析 ………………………… 13

　　1.4.1　微合金碳化物析出的研究现状 …………………………… 13

　　1.4.2　低碳钢中纳米铁碳析出物的研究现状 …………………… 19

　1.5　钢中析出相分析手段的进步 ……………………………………… 20

　1.6　超快速冷却条件下纳米碳化物析出相的控制 …………………… 20

　1.7　本报告拟展开的研究内容及意义 ………………………………… 22

2　碳化物析出热力学与动力学计算 ………………………………… 23

　2.1　引言 ………………………………………………………………… 23

　2.2　析出热力学计算 …………………………………………………… 23

　　2.2.1　模型建立………………………………………………………… 23

　　2.2.2　计算结果与讨论 …………………………………………… 28

　2.3　析出动力学计算 …………………………………………………… 32

　　2.3.1　析出-时间-温度（PTT）曲线计算 ………………………… 32

　　2.3.2　微合金碳氮化物析出行为预测 …………………………… 41

　　　2.3.3　渗碳体析出行为预测 ·· 47

　　2.4　小结 ·· 50

3　微合金碳化物及铁碳化物析出行为及强韧化机理研究 ·············· 51

　　3.1　引言 ·· 51

　　3.2　超快冷条件下 Ti 微合金钢中纳米碳化物析出行为及强韧化机理 ····· 51

　　　3.2.1　超快冷工艺的影响 ·· 51

　　　3.2.2　Ti 含量的影响 ·· 67

　　3.3　超快冷条件下 Nb-V 低碳微合金钢析出行为及复合析出机制 ········ 80

　　　3.3.1　超快冷终冷温度对 Nb-V 微合金钢析出行为影响 ··········· 80

　　　3.3.2　Nb-V 微合金钢复合析出机制 ································· 90

　　3.4　小结 ·· 95

4　铁碳合金中纳米级渗碳体析出的热力学解析 ······················· 96

　　4.1　热力学分析和计算模型 ·· 96

　　4.2　铁碳合金中碳和铁的活度计算 ·· 98

　　　4.2.1　KRC 模型 ·· 99

　　　4.2.2　LFG 模型 ··· 100

　　　4.2.3　MD 模型 ·· 100

　　4.3　铁碳合金中相变驱动力的计算公式 ··································· 101

　　　4.3.1　先共析型转变的驱动力 ······································ 101

　　　4.3.2　退化珠光体型转变的驱动力 ·································· 103

　　　4.3.3　马氏体型转变的驱动力 ······································ 104

　　4.4　过冷奥氏体的相变驱动力的计算与分析 ······························ 105

　　　4.4.1　先共析铁素体转变 ·· 106

　　　4.4.2　退化珠光体型转变 ·· 107

　　　4.4.3　马氏体型转变 ··· 109

　　4.5　热轧实验中相变行为的热力学分析 ··································· 110

　　4.6　铁碳合金中碳和铁的相界成分计算 ··································· 117

　　　4.6.1　KRC 模型 ··· 117

　　4.6.2　LFG 模型 ·· 118

　　4.6.3　MD 模型 ·· 118

　　4.6.4　相界成分的计算 ·· 119

　4.7　小结 ·· 122

5　超快冷条件下碳素钢中渗碳体的析出行为研究 ·················· 123

　5.1　热轧实验材料与设备 ·· 123

　5.2　热轧工艺的制定 ·· 124

　5.3　实验方法 ·· 126

　5.4　0.04%C 实验钢结果分析 ······································ 126

　　5.4.1　工艺参数和力学性能 ······································ 126

　　5.4.2　显微组织分析 ·· 128

　　5.4.3　强化方式分析 ·· 132

　5.5　0.17%C 实验钢结果分析 ······································ 133

　　5.5.1　工艺参数和力学性能 ······································ 133

　　5.5.2　显微组织分析 ·· 135

　　5.5.3　强化方式分析 ·· 140

　5.6　0.33%C 实验钢结果分析 ······································ 142

　　5.6.1　工艺参数和力学性能 ······································ 142

　　5.6.2　显微组织分析 ·· 144

　　5.6.3　强化方式分析 ·· 148

　5.7　0.5%C 实验钢结果分析 ·· 149

　　5.7.1　工艺参数和力学性能 ······································ 149

　　5.7.2　显微组织分析 ·· 152

　　5.7.3　强化方式分析 ·· 155

　5.8　纳米渗碳体的析出机理 ·· 156

　　5.8.1　碳含量的影响 ·· 156

　　5.8.2　冷却路径的影响 ·· 158

　5.9　小结 ·· 162

6 纳米析出物强化工艺的工业化应用 ·················· 164

6.1 基于纳米渗碳体强化的 C-Mn 钢工业化试制 ············ 164

6.1.1 基于纳米渗碳体强化的合金减量化设计 ·········· 164

6.1.2 减量化 Q345 的工业试制工艺 ·············· 165

6.1.3 工业实验结果与分析 ················· 167

6.1.4 减量化 Q345 的批量化生产 ·············· 174

6.2 以 Ti 代 Mn 减量化 Q345B 中厚板生产工艺研究 ······· 176

6.2.1 实验材料及方法 ·················· 177

6.2.2 实验方案 ···················· 177

6.2.3 热轧钢板的组织性能检验结果 ············· 178

6.3 Nb-Ti 微合金化 Q460C 中厚板的工业试制 ··········· 182

6.4 V（C，N）微合金化 Q550D 中厚板工业化试制 ········· 184

6.4.1 实验材料及实验方法 ················ 184

6.4.2 组织性能分析及强韧性研究 ············· 184

6.4.3 工业实验结果 ··················· 190

7 结论 ······································ 191

参考文献 ······························· 193

摘　　要

　　20 世纪 90 年代后期，各钢铁大国竞相开展了旨在通过超细晶化获得新一代钢铁材料的研究计划，取得了一系列重要成果。但是由于现有装备技术的限制，很难在工业条件下实现将晶粒尺寸细化到 1μm 以下。要进一步提高钢材的性能，必须结合其他强化方式。纳米析出强化作为细晶强化之外的重要强化方式，具有脆性矢量较小、对屈强比影响较小等优点，是钢铁材料发展的重要发展方向之一。

　　以超快冷为核心的新一代 TMCP 技术（NG-TMCP）是纳米析出物控制的有效手段。该技术可有效抑制热轧过程中的应变诱导析出，使更多微合金元素保留到铁素体或贝氏体相变区，析出尺寸细小，显著提高钢材强度；同时还可避免常规冷却过程中碳化物在穿越奥氏体区及高温铁素体区期间析出，并抑制冷却过程中析出物的长大；通过精准的冷却路径控制，可获得最佳的碳化物析出工艺窗口。同时，随着科技的发展，钢中纳米碳化物的观察方法与分析手段也在不断进步，化学相分析结合 X 射线小角散射、RTO 金属包埋切片微米-纳米表征、原子探针断层摄影（APT）技术等纳米析出物定量表征新技术的发展，也为纳米析出强化的研究提供了条件。

　　本书对超快冷条件下低碳钢中的析出物控制开展了深入研究，在钢中析出物形成的热力学和动力学模型、析出物的控制及表征及其工业化应用方面取得重要进展。主要研究工作及成果如下：

　　（1）基于规则溶体模型、双亚点阵模型和质量守恒定律建立了适用于理想型和缺位型析出相的热力学模型。探究了 Fe-C-Ti-V-Nb-N 系合金中（Ti，Nb，V）（C，N）复合相的全固溶温度随各组元名义成分的变化规律，计算了基体及析出相的平衡成分随温度的变化情况。基于经典形核和长大理论，建立了复合相析出动力学计算模型，预测了 650℃ 时铁素体中（Nb_xV_{1-x}）C 及 850~1000℃ 内奥氏体中（$Ti_xNb_vV_{1-x-v}$）C 的等温析出行为，包括析出相的形核率、数量密度、粒子尺寸及溶质浓度随时间的变化情况。预测得到的粒子尺寸平均值与实测值较吻合。

（2）利用经典的 KRC 和 LFG 模型对在超快速冷却条件下过冷奥氏体的相变驱动力进行计算，并在热力学模型计算提供理论依据的基础上，分析亚共析钢中形成纳米级渗碳体颗粒的可能性和规律性。计算结果表明，在相同的过冷温度条件下，奥氏体以退化珠光体方式转变的驱动力最大，是最有可能发生的相变过程。碳含量和过冷度是控制渗碳体以纳米级颗粒形式析出的主要影响因素。根据平衡浓度计算，在先共析铁素体组织附近存在大量的富碳区，这部分高浓度的奥氏体分解析出纳米级渗碳体的倾向性更大。

（3）依据热力学计算结果，针对四种不同碳含量的实验钢，在热轧变形后将超快冷工艺和传统层流工艺相结合，研究了不同冷却工艺参数对实验钢渗碳体析出行为的影响，分析了超快速冷却对不同碳含量的实验钢的强化方式和强化效果。在超快速冷却条件下，0.04%C 和 0.5%C 实验钢的主要强化方式分别是细化晶粒和细化珠光体片层间距，无纳米级渗碳体颗粒析出，而 0.17%C 和 0.33%C 实验钢的组织中则有大量弥散的纳米级渗碳体析出，颗粒平均直径为 20~30nm。通过超快速冷却技术实现了在无微合金元素添加的条件下渗碳体的纳米级析出，并且随着超快速冷却终冷温度的降低，实验钢的屈服强度和抗拉强度均逐渐增加。

（4）建立了复合型合金碳化物析出热力学和动力学模型，得出基体平衡浓度和瞬时浓度、析出相成分、形核率、数量密度、平均半径等随温度或时间的变化规律；计算 Fe-C 合金奥氏体的相变驱动力，得出过冷奥氏体分解析出纳米渗碳体规律，并通过超快冷技术实现了普通碳锰钢中渗碳体的纳米级析出，形成显著强化效果。

（5）通过对微合金钢的超快速冷却工艺研究及对析出物的定性、定量统计分析发现，超快冷条件或添加微合金元素，均可促进纳米碳化物的析出强化，进而提高钢的强度。通过控制一定超快冷工艺，可以同时获得纳米微合金碳化物和纳米渗碳体，两者可同时起到析出强化作用。对添加不同元素实验钢展开研究发现，Ti 元素的添加，增加了 TiC 相间析出数量密度，细化析出粒子尺寸，增强析出强化效果；在析出物表征方面采用高分辨透射电镜、无损电解提取技术、化学相分析、X 射线小角散射和中子小角散射对析出物进行定性、定量研究。利用高分辨透射电镜和三维原子探针对 Nb-V 实验钢超快冷终冷温度进行研究发现，超快冷至不同温度时析出物的尺寸为 3~5nm，纵横比均接近于 1，且随终冷温度的降低，析出物尺寸逐渐减小。利用 Orowan 机制计算析出强化增量，得出终冷温度为 620℃ 时析出强化对屈服强度的贡献最大，可达到 25.6%。对析出物不同终冷温度下的成分进行分析可知，随着析出物尺寸的逐渐增大，且析出物中的 V 和 Nb 的比例逐渐增大，使得析出物的晶格常数逐渐减小，降低析出物与基体的界面能，从而增加析出动力学。通过对复合析出机制研究可知，(Nb, V) C 复合碳化物形成有两种机制，分别为置换型和异质形核型复合析出。

(6) 基于前期实验研究和理论分析，将实验室相关研究成果推广应用于工业化现场，充分利用超快速冷却技术，系统调控热轧钢板的轧后冷却路径，实现对钢中纳米渗碳体和微合金碳氮化物析出行为的有效控制，从而充分发挥第二相强化作用，提高钢铁材料的综合强化效果，实现了高强结构钢、微合金高强钢和高性能工程机械用钢等钢铁材料的低成本绿色化生产。

关键词：超快冷，低碳钢，纳米碳化物，析出强化，综合强化机理

1 绪　论

1.1　控制纳米碳化物析出相对发展高性能钢具有重要意义

20世纪90年代后期，各钢铁大国竞相开展了旨在通过超细晶化获得新一代钢铁材料的研究，如日本的超级钢（STX-21）项目、韩国的"HyperSteel-21"项目和中国的"新一代钢铁材料的重大基础研究"973项目等。上述研究在获得高强度高韧性钢铁材料方面取得了一系列重要成果。但研究发现过度的细晶化将导致屈强比明显增加，应用受到限制；而且，在已有的装备技术条件下，很难实现将晶粒尺寸细化到1μm以下。因此，要进一步提升钢材的性能，必须同时挖掘其他强化方式的潜力。

析出强化是除细晶强化之外最重要的强化方式，其脆性矢量相对较小，对抗拉强度和屈服强度的提升大致相当，对屈强比的影响较小。在钢中绝大部分情况下析出相与位错是通过Orowan机制起强化作用，这时细化析出相的尺寸尤为重要。控制析出相在纳米尺度上弥散分布，可在体积分数很小的情况下获得显著的强化效果，例如质量分数0.08%的C以1nm的TiC粒子析出时，理论上可获得700MPa的强度增量；并且采用纳米碳化物析出强化的钢材，原料和工艺成本均比较低。因此，研究钢中纳米碳化物析出，并对其进行有效控制，对于发展高性能钢材具有重要的意义。

1.2　钢中纳米碳化物析出相形核及粗化机理

1.2.1　析出相强韧化机理

析出强化是通过钢中细小弥散的沉淀相阻碍位错运动提高实验钢强度的一种强化方式。位错遇到障碍物时存在两种不同的交互作用类型，分别为绕过机制和切过机制，两种机制中析出粒子与位错的作用模型如图1-1所示。

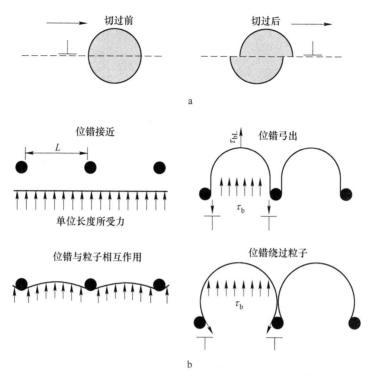

图 1-1 析出粒子与位错的交互作用机制

a—切过机制；b—奥罗万机制

尺寸很小且与基体保持较好的共格关系的第二相属于可变形颗粒，与位错交互作用机制为切过机制，强度增量计算见式（1-1）：

$$\tau_p = \frac{1.1}{\sqrt{2AG}} \frac{\gamma^{3/2}}{b^2} d^{1/2} f^{1/2} \tag{1-1}$$

式中　γ——析出物与基体的界面能，J/m^2；

　　　d——析出粒子直径，μm；

　　　f——析出粒子体积分数；

　　　A——位错线张力函数；

　　　G——剪切模量。

当第二相粒子为较高硬度的不可变形颗粒时，与位错的交互作用符合绕过机制。由于位错弓出将增大位错的线张力，因此需要更大的外加应力才能使得位错继续滑移。位错每发生一次绕过，会在质点周围留下一个位错环。

Gladman 等[1]对 Ashby-Orowan 模型进行修正：

$$\sigma = 5.9\frac{\sqrt{f}}{d}\ln\left(\frac{d}{2.5 \times 10^{-4}}\right) \quad (1-2)$$

式中　d——析出粒子直径，μm；

　　　f——析出粒子体积分数。

综上所述，当析出相尺寸较小时，切过机制起主要作用，析出强化增量随析出相尺寸的增加而增加；析出相尺寸较大时，绕过机制起主要作用，且强化增量随着析出相尺寸的减小而增加。因此，只有当质点尺寸在临界转换尺寸 d_c 附近时，才可以获得最佳的强化效果，析出强化增量与尺寸的关系如图 1-2 所示。

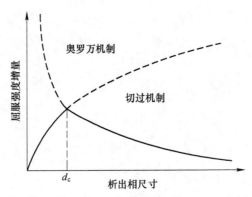

图 1-2　析出强化增量与析出相尺寸的关系曲线

通常在普碳钢中加入微量的 Nb、V 和 Ti 等合金元素，可以在轧制或者轧后冷却过程中析出其碳氮化物，产生显著的沉淀强化效果。Meyer 等[2,3]人对常用过渡族金属元素形成化合物的倾向进行研究，结果表明 Nb 和 V 表现出强烈的碳氮化物形成倾向，呈现相对较小的氧化物、硫化物形成倾向。但 Ti 截然不同，在所有 O、N 和 S 被 Ti 消耗完时，Ti 才能形成碳氮化物，如图 1-3 所示。

微合金析出相通过两种方式提高实验钢的强度，分别为析出强化和细晶强化。图 1-4 所示为析出强化增量与析出尺寸及体积分数的关系，可以看出，当析出物尺寸为 5nm 且体积分数为 0.25% 时可以获得 300MPa 的析出强化增量。

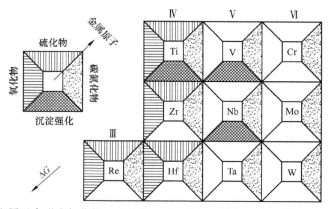

图1-3 金属元素形成氧化物、硫化物、碳化物和氮化物的倾向及其沉淀强化能力

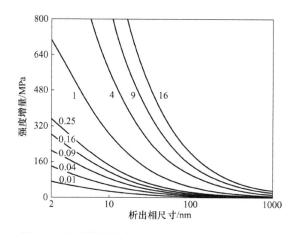

图1-4 强度增量与析出相尺寸和体积分数的关系

Kamikawa 等[4]在 Ti 微合金钢中获得了尺寸为 4~5nm 的析出物,得到约 200MPa 的强度增量,且不降低断后伸长率。其认为伸长率提高是由于变形过程中次生滑移系启动,随着应变的增大位错回复增加,释放纳米尺度析出粒子周围应力集中。拉伸过程中位错衍变如图1-5 所示。在拉伸变形的初始阶段,初生滑移系首先启动,与析出粒子交互作用留下位错环,降低了 Orowan 机制作用的有效距离,增大了加工硬化率;继续变形,次生滑移系被激活,如果析出粒子足够小,次生位错与初生位错将会产生交互作用提高加工硬化率;继续变形位错会互相抵消发生动态回复,阻止析出粒子周围的应力集中,避免裂纹和空位等缺陷的产生,提高非均匀伸长率。通过上述研究可知,若能合理控制析出物尺寸和数量密度,可以在提高实验钢强度的同时提高塑性。

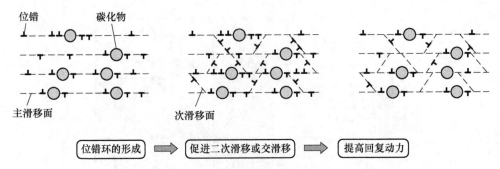

图1-5 细小析出粒子强化型钢在拉伸变形过程中位错结构的变化

1.2.2 析出相形核率影响因素

高密度的共格析出物可以在显著提高强度的同时不降低韧性,因此获得高密度析出相至关重要。析出相形成包括两种方式,即形核和调幅分解。大多数钢中高密度析出相(数量级为 $10^{24}/m^3$)是通过形核机制形成的,形核率 $\dot{N}$ 的表达式如式(1-3)所示:

$$\dot{N} \propto \exp \frac{-\Delta G^*}{kT} \tag{1-3}$$

式中 k——玻耳兹曼常数;

T——温度;

ΔG^*——临界形核功,其表达式如式(1-4)所示:

$$\Delta G^* = \frac{16\pi\gamma^3}{3(\Delta G_v + \Delta G_E)^2} \tag{1-4}$$

式中 ΔG_v——驱动力;

ΔG_E——弹性应变能;

γ——界面能。

通过式(1-3)和式(1-4)可以看出,$\dot{N}$ 与 ΔG^* 的指数呈反比,即析出物的数量密度随着 ΔG^* 的减小呈指数增加。可以通过降低析出物与基体的界面能和弹性应变能,增加形核驱动力和形核位置提高析出物的数量密度。

1.2.2.1 降低界面能和应变能

可以通过元素的复合添加改变析出物或基体成分来降低界面能和应变能。

Jang 等[5,6]通过在 Ti 微合金钢中添加 Mo 元素，降低 TiC 与铁素体基体的界面能，从而降低析出物临界形核功。Jiang 等[7]利用高密度共格析出粒子强化马氏体钢，其中马氏体基体中的大尺寸原子如 Mo、Nb 和 Al 等将基体晶格常数从 0.2866nm 提高至 0.2881nm；同时，马氏体基体中的 Fe 原子部分取代 NiAl 相中 Al 原子形成 Ni（Al，Fe）相，其将 NiAl 的晶格常数从 0.2887nm 降低至 0.2881nm，马氏体基体与 Ni(Al，Fe) 相极低的界面能和应变能降低了析出物形成的临界形核功，获得数量密度为 $3.7 \times 10^{24}\,\mathrm{m}^{-3}$ 的共格析出相。图 1-6 所示为 Ni(Al，Fe) 相与马氏体基体的二维晶格图像，可以看出析出相与基体界面处无晶格畸变。

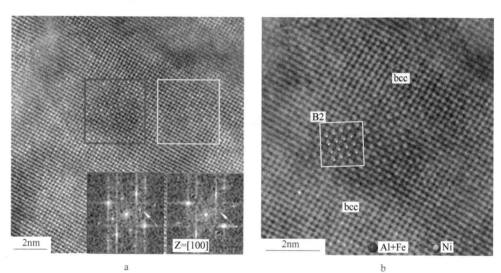

图 1-6　全共格析出粒子 HAAFF STEM 形貌像

a—析出粒子 STEM 形貌像及 FFT 衍射谱；b—二维结构原子分布

1.2.2.2　提高形核驱动力

提高析出物形核驱动力的方法有三种，分别为增加析出物形成元素的过饱和度、降低温度、选择具有较大形核驱动力的析出相。Chen 等[8]和 Zhang 等[9]均对等温温度和时间对析出物尺寸和数量密度的影响进行了研究，Chen 等[8]指出降低等温温度可以减小（Ti，Mo）尺寸；Zhang 等[9]指出将温度从 720℃降低至 650℃可以细化析出粒子，且将析出粒子数量密度提高一个数量级，温度继续降低至 600℃，由于合金元素扩散速率的影响，析出物将不会继续细化。Lee 等[10]通过 Thermal-calc 计算了 Fe-10Ni-4Mo-0.25C 不同析出物的形核驱动力，指出 M_2C 具有最高形核驱动力，且增加 Co 或 Mo 可以提高析出物形核驱动力。

1.2.2.3 提高形核位置

位错可以为析出提供形核质点，降低形核能垒。Dutta 等[11]指出奥氏体区域变形可以增加位错密度，提高析出粒子数量密度。另外，位错密度也是影响析出动力学的关键因素。异质形核复合析出是另外一种提高形核质点的方法，Mulholland 和 Seidman 等[12]利用 Cu 和 M_2C 复合析出将析出粒子密度提高至 $10^{23}\,m^{-3}$ 数量级。Kolli 和 Seidman 等[13]利用 Cu 和 NbC 复合析出将析出粒子密度提高至 $10^{23}\,m^{-3}$ 数量级。

1.2.3 析出相稳定性影响因素

析出相的形核率及粗化速率均是析出强化增量的主要控制因素，获得稳定性高且尺寸细小的析出粒子可大幅提高析出强化效果。析出相尺寸随时间和温度的变化规律符合 Ostwald 熟化方程（1-5）：

$$\gamma_t^n - r_t^n = \frac{k}{RT}V_m^2 CD\gamma t \tag{1-5}$$

式中 r_t——t 时间下的析出物平均尺寸；

     n——体扩散控制常数，取为 3；

     V_m——析出物的摩尔体积；

     C——析出物溶质原子平衡含量；

     D——元素扩散系数；

     γ——析出物与基体的界面能。

通过式（1-5）可知，析出物粗化速率与析出物与基体的界面能、溶质原子固溶度及扩散速率成正比。通过控制上述因素可以控制析出物的粗化速率。

1.2.3.1 降低析出物与基体的界面能

Kesternich 等[14]对 Ti 微合金钢中析出物在 750℃ 等温过程中的粗化行为进行了研究，发现在等温前 12min 析出物尺寸迅速长大至 4nm，而随着时间的延长析出的粗化速率降低。初始阶段，析出物尺寸快速增加是由于基体中的过饱和溶质原子与位错作用产生柯氏气团，可以为 TiC 的粗化提供驱动力；随着析出物尺寸的增大，析出物可以钉扎位错，无法提供 TiC 粗化的驱动力，因此粗化速率降低。Jiang 等认为与铁素体共格的 NiAl 相不易粗化，其通过降低析出相与基体的弹性错配能提高析出相的稳定性。Kapoor 等[15]发现在 Cu 与 NiAl 的复合析出强化型钢中 Cu 析出相比于 NiAl 析出相更稳定，由于 Ni、Al 和 Mn 原子在 Cu 与基体界面聚集，降低了 Cu 与基体的界面能，从而提高其稳定性。

1.2.3.2 降低溶质原子扩散系数

Kapoor 等[15]提出除了界面能的因素，Cu 析出相不易粗化的另一个原因是 Cu 元素的扩散系数小于 Ni 和 Al 元素。此外，NiAl 与 Cu 形成核壳结构，Cu 元素在扩散过程需要穿过具有有序结构的 NiAl 相，相比于铁素体中的扩散速率显著降低。Jiang 等[7]认为 NiAl 相粗化速率较慢的原因之一是由于 Mo 在铁素体基体中的扩散速率较慢，减缓了 Mo 从析出物的排出，从而降低了 NiAl 析出物的粗化。

1.2.3.3 降低溶质原子溶解度

Kesternich 等[14]、Kamikawa 等[4]和 Funakawa 等对 Ti-Mo 实验钢和 Ti 钢中析出物粗化进行了分析，在形核初始阶段（Ti，Mo）C 中 Ti 与 Mo 原子比例为 1∶1，随着粗化的进行，（Ti，Mo）C 中 Ti 含量逐渐升高。在此阶段，析出物的粗化主要是受 Ti 元素的扩散控制。由于 Ti-Mo 实验钢中平衡 Ti 固溶量相比于 Ti 微合金钢中低，因此（Ti，Mo）C 的粗化受到抑制。利用萃取复型将析出物提取对成分进行分析可知，Ti 与 Mo 的含量为 7∶3。利用 Thermal-calc 计算可知 Ti 微合金钢和 Ti-Mo 微合金钢中铁素体基体的 Ti 元素质量分数分布为 23×10^{-6} 和 0.52×10^{-6}，与实验结果一致。Jiang 等利用第一性原理对（Ti，M）C 稳定性进行了深入研究，其中 M 代表 Mo 和 W。研究结果显示，随着 Mo 和 W 含量的升高，复合析出碳化物形成能逐渐增大，表明 Mo 和 W 部分替代 Ti 从能量上是不利的。但是从界面能角度出发，在形核初期，Mo 和 W 部分取代 Ti 可以降低其与铁素体基体的界面能，有利于碳化物的形核；而进入粗化阶段，粗化主要受 Ti 元素的扩散控制，Mo 和 W 的加入降低了基体中平衡 Ti 含量，因此阻止了（Ti, M）C 的粗化。综上可以得出，在形核初期 M 含量较高，随着析出时间的延长 M 含量逐渐降低，与前期研究结果一致。Wang 等认为 Mo 阻止（Ti, Mo）C 粗化的原因是 Mo 在（Ti, Mo）C 周围的富集会产生强烈的溶质拖曳作用，通过阻止析出物与基体的界面移动阻止析出物粗化。Kapoor 等[15]观察到钢中 Cu 析出相的粗化速率相比于 NiAl 相低，是由于 Cu 在铁素体基体的溶解度远低于 Ti 和 Ni 原子。

1.3　钢中典型析出相类型及优势

近些年，研究学者在钢铁材料研究中发现了纳米析出强化的巨大潜力，以析出强化为主要强化机制的先进高强钢的研究被广泛关注。Jiang 等[16]通过成分设计和工艺控制使得马氏体板条上分布着尺寸为 2.7nm，数量密度为 $3.7 \times 10^{24} m^{-3}$ 的弥散析出粒子，成功将实验钢屈服强度提高 1GPa。Zhang 等和 Jiao 等通过 NiAl 析出强化在不降低韧性的情况下成功将实验钢屈服强度提高至 1.2GPa 和 1.4GPa。Kappor 等利用 BCC-Cu 与 FCC-NiAl 共析出强化获得 1600MPa 级高强钢。Jain 等利用 Cu 与 M_2C 共析出强化研发出 HSLA 115 级海洋工程用钢。Yen 等[17]通过工艺控制获得尺寸约为 3nm 的相间析出碳化物，并使其弥散分布在铁素体基体中，析出强化增量约为 300MPa。Kamikawa 等通过 700℃保温不同时间获得尺寸 4~5nm 的析出物，可以在提高强度时同时提高断后伸长率，并提出拉伸过程中析出粒子与位错的交互作用模型对伸长率提高进行解释。Kong 和 Liu 等对目前已有的析出强化型高强钢中析出物数量密度及尺寸对屈服强度及塑性的影响研究表明，屈服强度增量和伸长率变化在很大程度上取决于析出粒子尺寸及数量密度，当析出粒子尺寸在 2~6nm 且数量密度数量级为 $10^{24} m^{-3}$ 数量级时，可以在不降低塑性的前提下显著提高实验钢屈服强度。

表 1-1 为典型析出强化型高强钢的力学性能，可以看出利用 MC、Cu、M_2C 和 NiAl 单独强化或复合强化，可在提高强度的同时，不降低或少降低所研究钢的塑性。

表 1-1 典型析出强化型高强钢的力学性能

析出相	钢的成分（质量分数）/%	屈服强度/MPa	均匀伸长率/%
（Ti，Mo）C	Fe-0.04C-1.5Mn-0.09Ti-0.2Mo	780	21
TiC	Fe-0.04C-1.3Mn-0.16Ti	550	20
（Ti，Mo）C	Fe-0.04C-1.3Mn-0.08Ti-0.16Mo	650	20
Cu 和 NiAl	Fe-2.5Cu-2.1Al-1.5Mn-4Ni	1363	12
Cu	Fe-0.75Cu-0.75Mn-0.3Al-2.3Cr-1Mo-0.25V-0.07Ti-0.01B-0.08C	1042	9
NiAl	Fe-6.5Al-10Ni-10Cr-3.4Mo-0.25Zr	1015	<1
Cu 和（Ti，Mo）C	Fe-1.53Mn-1.17Cu-0.34Si-0.21Mo-0.09Ti-0.04Al-0.07C	732	13

1.4 钢中纳米碳化物析出的研究现状及分析

钢中的碳化物析出涉及轧制、冷却和热处理等各个方面，结合本研究，本部分主要讨论低碳微合金钢和低 C-Mn 钢在冷却过程中的析出，包括微合金碳化物和铁碳化物的析出。

1.4.1 微合金碳化物析出的研究现状

微合金碳化物（通常情况下为碳氮化物）的析出是微合金钢物理冶金过程中最重要的问题之一，主要包括热轧过程在奥氏体中析出、冷却过程在铁素体或贝氏体中析出，其中后者是本研究的重点之一。在奥氏体中析出的碳化物主要通过抑制再结晶和晶粒长大起到细晶强化作用，尺寸大多在 20~50nm，对基体的析出强化作用很小；在铁素体中析出的碳化物尺寸一般在 10nm 以下，析出强化效果非常显著。铁素体中碳化物析出存在相间析出（interface precipitation）和晶内过饱和析出（super saturated precipitation）两种方式。其中通过合理的控制手段可以得到大量细小的相间析出碳化物，大幅度提高钢的强度，因此铁素体的相间析出是一种很有发展前景的强化途径。贝氏体铁素体基体具有较为均匀的高密度位错，碳化物几乎完全以位错形核的方式在基体中析出，与贝氏体组织结合，可进一步增强强化效果。微合金碳化物在贝氏体基体的析出是今后发展高强度贝氏体钢的重要方向之一。通常，Nb 是奥氏体中析出元素的最佳选择，Nb 在我国是稀缺资源，限制了作为析出强化元素的大量应用；V 的碳化物在铁素体中的析出不易控制，通常与 N 配合能取得较好的效果；Ti 微合金化钢需要进行严格的成分和工艺控制，复合添加 Mo 有利于 Ti 的相间析出，我国具有丰富的 Ti 资源，随着冶金技术水平的提高，Ti 微合金化已成为重要的发展方向。德国著名冶金学家 Lutz Meyer 曾指出，Ti 作为微合金化元素已构成了对 Nb 的威胁和挑战。因此，微合金元素的选取和配伍也是析出研究的一项重要内容。

目前应用最为广泛的析出强化型高强钢，是在普碳钢基础上加入微量的 Nb、V、Ti 和 Mo 等合金元素，通过在轧制或者轧后冷却过程中析出碳氮化物，产生显著沉淀强化效果。微合金碳氮化物析出控制是微合金钢物理冶金过程中最重要的问题之一，主要包括热轧过程中奥氏体形变诱导析出和冷却过程中铁素体和贝氏体中的相间析出和弥散析出。

(1) 热轧奥氏体中析出。奥氏体中析出的碳化物主要通过抑制再结晶和阻碍晶粒长大而起到强化作用，尺寸大多在 20~50nm，强化效果较弱。奥氏体应变诱导析出的主要研究方法包括 TEM 观察法、电化学萃取法、高温流变应力法、应力松弛法和双道次压缩或扭转测试法，可以利用上述方法测量析出物的最佳析出温度，为轧制工艺参数的选择奠定基础。Dong 等研究了 Si 含量对形变诱导析出的影响，指出，Si 的加入可以使得应变诱导析出的 PTT (precipitation temperature time，PTT) 曲线向左上方移动，加快应变诱导析出动力学。Akben 等研究了 Mn 对 Nb (C，N) 动态析出的影响，指出 Mn 可推迟 Nb (C，N) 的形变诱导析出。

由于形变诱导析出尺寸较大，强化效果较小，因此需采用合适的工艺参数抑制形变诱导析出的产生。新一代 TMCP (NG-TMCP) 工艺是在形变诱导析出温度区间之上进行轧制，之后通过超快冷却至合适的相变温度区间，抑制形变诱导析出；而传统的 TMCP 工艺是在较低温度轧制后经层流冷却穿过奥氏体区间，以产生大量形变诱导析出，从而降低后续冷却过程中铁素体和贝氏体中的析出量。

NG-TMCP 以超快冷为核心，其要点是：(1) 在奥氏体区间"趁热打铁"，在适于变形的温度区间完成连续大变形和应变积累，得到硬化的奥氏体；(2) 轧后立即进行超快速冷却，使轧件迅速通过奥氏体相区，保持轧件奥氏体硬化状态；（3）在奥氏体向铁素体相变的动态相变点终止冷却；（4）可依照材料组织和性能需求进行冷却路径的控制。图1-7所示为NG-TMCP与传统TMCP工艺对比，可以看出主要区别在于轧制温度区间以及轧后冷却速率的差异，且NG-TMCP控制更加灵活。在高温区变形获得充满缺陷的奥氏体，快速通过奥氏体区间得到所需相变组织。

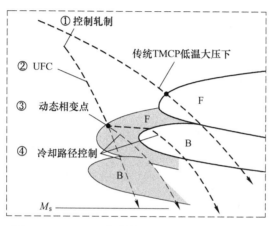

图1-7　NG-TMCP与传统TMCP生产工艺的比较

（2）冷却过程中铁素体和贝氏体中析出。铁素体中析出的碳化物的尺寸一般在10nm以内，析出强化效果显著。根据形核位置的不同，可以将析出分为相间析出和弥散析出。相间析出是奥氏体向铁素体转变过程中在移动的相界面形成的；弥散析出是指析出物在相变后的过饱和铁素体中形成的，也称为过饱和析出物。通过合理的控制手段得到的大量细小弥散分布的碳氮化物，可大幅度提高钢的强度。贝氏体属于低温相变组织，基体为铁素体，但其中具有均匀的高密度位错，且碳化物以位错形核的方式在铁素体基体中析出，与贝氏体组织结合，可以进一步提高强化效果。因此，铁素体及贝氏体区域相间析出和弥散析出的研究可以为HSLA钢的开发提供理论依据和实验指导。微合金钢中常用元素为Nb、V和Ti，其中Nb元素是奥氏体中析出的最佳元素，但是由于资源有限，限制了Nb析出强化的应用；V的碳化物常与N元素配合，不易控制；我国具有丰富的Ti资源，通过严格的成分和工艺控制可以获得较大的强化效果。另外，Mo的添加有利于促进Ti的相间析出，且可以抑制（Mo，Ti）C的粗化。因此，微合金元素的选取及比例控制是微合金钢析出强化的一项重要内容。

日本 JFE 钢铁公司 Funakawa 等开发出了 "NANAHITEN"，其中相间析出强化增量可达 300MPa，是常规析出强化的 2~3 倍。研究结果还表明，Ti 和 Mo 复合添加易获得稳定的纳米碳化物。Lee 等研究了热轧 Nb-Mo 钢中析出行为，研究表明存在 M_2C 和 MC 两种碳化物，其中 M_2C 型主要为 Mo 的碳化物。另外，Mo 含量的增加提高了 MC 型碳化物的形核点及贝氏体含量，从两方面提高了实验钢强度。从 Charleux 等对 Nb-Ti 微合金钢扭转过程中析出行为进行的研究可知，存在球形及针状析出粒子，强化增量可达 230MPa。Zhang 等对钢铁材料中第二相展开了深入研究，并成功利用析出强化开发出低成本 Nb-Mo "智能型" 耐火钢、热轧 Nb-Ti 和 Ti-V-Mo 高强钢。Kang 等研究了 NG-TMCP 工艺下 Nb-Ti 微合金管线钢中的析出行为，指出避开 900~950℃ 奥氏体形变诱导析出的快速析出温度区间，适当增加轧后冷速可大幅提高小尺寸析出体积分数且细化析出物尺寸，提高析出强化的贡献。Yang 等研究了淬火回火处理以及两相区变形对 Ti 微合金钢析出行为及力学性能的影响，结果表明，降低两相区变形温度抑制了相间析出形成，但应变累积促进了低温铁素体中过饱和碳化物析出，同样可以提高析出强化增量。Yang 等通过选择合理卷取温度，成功开发出抗拉强度为 890MPa 级的铁素体高强钢，其中析出强化增量可达 380MPa。

Smith 和 Dunne 研究了不同微合金钢中的相间析出形态，共有三种类型：（1）规则层间距的平直型相间析出（PIP）；（2）规则层间距的弯曲型相间析出（regular CIP）；（3）不规则层间距的弯曲型相间析出（irregular CIP），如图 1-8 所示。Honeycombe 在 Fe-0.15C-0.75V 微合金钢中发现 PIP 型相间析出碳化物所在面平行于共格界面 $\{110\}_\alpha // \{111\}_\gamma$，并提出 "台阶机制" 对其进行解释；Ricks 和 Howell 以及 Bhadeshia 分别提出 "准台阶机制" 和 "弓出机制" 来解释在 Fe-0.2C-10Cr 实验钢中观察到的相间析出碳化物所在面平行于非共格相界面的 CIP 型相间析出，不同形核机制模型如图 1-9 所示。Okamoto 等在含 Nb 低碳微合金钢中观察到 PIP 型相间析出碳化物所在面平行于 $\{112\}_\alpha$、$\{114\}_\alpha$ 和 $\{116\}_\alpha$，并通过有限界面溶质钉扎理论建立模型来预测相间析出面间距及相间析出面内碳化物间距。Yang 等在含 Ti-Mo 微合金钢中观察到相间析出碳化物所在面不仅平行于 $\{110\}_\alpha$，同时可平行于 $\{210\}_\alpha$、

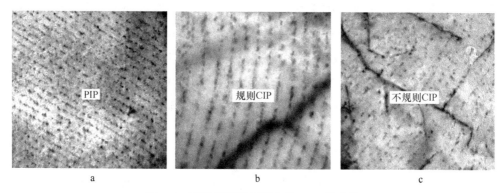

图 1-8 不同类型相间析出的 TEM 形貌像

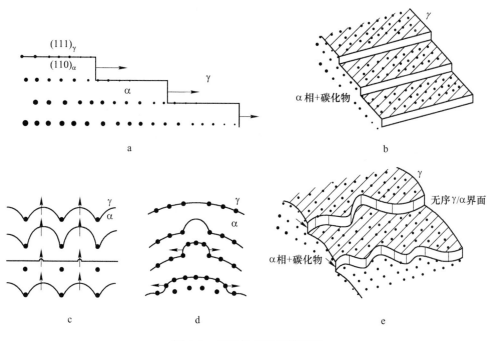

图 1-9 相间析出机制模型图

a—台阶机制；b—PIP 示意图；c—弓出机制；d—准台阶机制；e—CIP 示意图

$\{211\}_\alpha$ 和 $\{111\}_\alpha$，并统计出 PIP 型相间析出平面分布图，如图 1-10 所示。可以看出相间析出更有利于在非共格界面形成，这些现象都与"台阶机制"相违背。对不同温度等温所得相间析出形态进行观察发现，随等温温度的降低，相间析出形态逐渐从 CIP 转为 PIP，相间析出的形态与相界面形态有关，Yen 等提出模型对不同温度下相间析出类型转变进行解释，如图 1-10 所示。通常，铁素体相变时会与周围奥氏体符合特定取向关系或随机取向关系，非 Kurdjumov-Sachs（KS）关系 γ/α 界面相比于 K-S 关系 γ/α 界面更有利于析出相形核。图 1-11a 所示为 PIP 型相间析出碳化物在共格界面形成的示意图，其中 γ 与 α 符合 K-S 或者 Nishiyama-Wasserman（N-W）取向关系，碳氮化物在半共格 γ/α 相界面 {110}α 上形成，相变的进行主要是通过高能量台阶移动进行。图 1-11b 所示为 PIP 型相间析出碳化物在非共格界面形成示意图，γ/α 相符合随机取向关系，相间析出平面为非共格的 γ/α 相界面。随着相变的进行，高能量的 γ/α 相界面能逐渐降低，转变为平直型界面，形成台阶机制中的低能量界面，微合金元素在非共格的低能量界面上形核产生 PIP 型相间析出碳化物。此模型可以解释在相同晶粒中相间析出逐渐从 CIP 转变为 PIP。图 1-11c 所示为具有不规则层间距 CIP 型相间析出碳化物形成示意图，其中 γ/α 符合随机取向关系，且取向关系不满足共格平面平行。可以看出，γ/α 相界面具有较高的能量和较大的移动速率，能够形成大量的拱形或者平面使得相变平行于生长方向进行。图 1-11d 所示为具有规则面间距的 CIP 型相间析出碳化物形成机制，碳化物在能量较高的 γ/α 相界面上形核，相界面移动受到抑制，相变主要是靠高能量的铁素体台阶沿着垂直于生长的方向进行。

第二相与基体之间的取向关系决定析出物的形状，从而影响力学性能。研究学者对析出物与基体取向关系进行了大量研究，发现奥氏体中形成的 MC 型碳化物与其符合 Cube-on-cube 取向关系，铁素体中形成的 MC 型碳化物与其符合 B-N 关系，且随着时间的延长析出物逐渐由 Baker-Nutting（B-N）转换为 N-W 取向关系，且同一铁素体晶粒内相间析出碳化物与铁素体基体仅

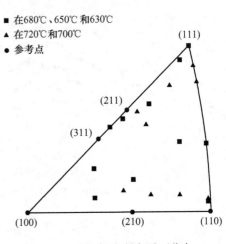

图 1-10　相间析出所在平面分布

满足 B-N 关系的某一特定变体。奥氏体中形变诱导析出与铁素体符合 K-S 取向关系，因其在相变过程中继承奥氏体与铁素体之间的取向关系。Li 等对不同形态的 VC 与铁素体的取向关系进行观察，得出纤维状 VC 与相间析出 VC

具有相同的取向关系，并利用重位点阵原理对析出物与基体之间不同取向关系对应的畸变能进行了阐述。

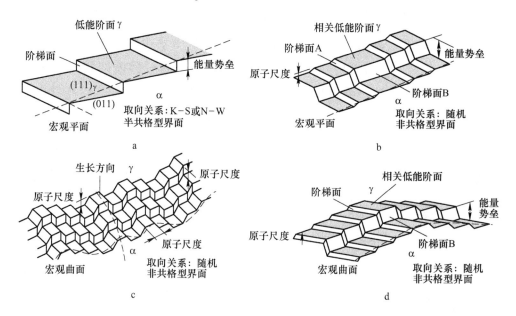

图 1-11　不同相间析出形态形成机制

a—析出平面为共格平面的 PIP 型相间析出碳化物；b—析出平面为非共格平面的 PIP 型相间析出碳化物；

c—irregular CIP 型相间析出碳化物；d—regular CIP 型相间析出碳化物

1.4.2　低碳钢中纳米铁碳析出物的研究现状

国内傅杰等人[16~19]研究了用 CSP 工艺生产高强度低 C-Mn 钢（HSLC），其屈服强度达到了 400MPa，与含 Nb 或 V 的低碳微合金高强度钢（HSLA）相当。在对 HSLC 钢的深入研究中首次发现了大量尺寸小于 20nm 的析出物，并对纳米粒子的属性和粒度分布进行了定量研究。指出这些析出物为铁碳化物，其析出强化贡献与细晶强化相当。对 HSLC 钢进行回火快冷试验，钢的晶粒尺寸未变，但屈服强度可提高 100MPa 以上，显然是由于纳米铁碳析出物的析出强化作用导致的。

在对钛（0.09%）微合金化高强钢的研究中发现同时存在微合金碳氮物和纳米铁碳化物（主要为 Fe_3C），尺寸小于 36nm 的 Fe_3C 的体积分数为同尺度 Ti（C，N）体积分数的 4.4 倍。对不同种类及尺寸的纳米粒子，根据位错切割机制和绕过机制分别考虑对强度的贡献，计算出纳米 Fe_3C 的沉淀强化对屈服强度的贡献为 194MPa，比 TiC 的 130MPa 还要大。如此计算出钢的屈服强度与实测结果非常一致，较好地解释了低碳微合金化热轧钢板的强化机理。最近日本 JFE 的研究表明，含碳 0.02% 的水冷单相铁素体钢，晶粒在 $10\sim25\mu m$，其 Fe_3C 的析出强化与 C 的固溶强化对屈服强度的贡献之和为 160MPa，钢的屈服强度超过 400MPa。SEM 观察到了微细 Fe_3C，但没有进行 Fe_3C 体积分数的定量分析。韩国汉阳大学[19]和科学技术院（POSCO 资助项目）[20]分别研究了微合金低碳钢施加大变形（ECAP 和 ECAR）后组织和性能的演变，发现珠光体领域分解，产生纳米级渗碳体，对组织细化和强化具有一定的贡献。渗碳体的尺寸在几十至一百纳米，且未做定量分析。

1.5　钢中析出相分析手段的进步

随着科技的发展，钢中纳米碳化物的观察方法也在不断进步。目前较常用的表征手段包括高分辨透射电镜分析技术（high resolution transmission electron microscopy，HRTEM）、原子探针断层摄影（atom probe tomography，APT）技术，利用 HRTEM 可以对钢中碳化物的二维形貌、晶体学结构及其与基体的取向关系进行分析，HRTEM 的制样制备手段包括薄膜试样、萃取复型以及等离子束切割（focused ion beam，FIB）。APT 技术可在原子尺度对钢的微观结构进行鉴定，同时还能探测到纳米碳化物的三维空间分布信息以及碳化物形成元素的分布，其工作原理是在针尖试样上施加 $1\sim15kV$ 的正高压，使得样品表面原子处于电离状态；之后在样品尖端处施加脉冲电压或激光，使得表面处于电离状态的原子被激发，后续离子通过管道飞向位置敏感器，探测器将接收到其在尖端表面的二维坐标。飞行质谱仪可以确定原子的质量电荷比从而确定其元素种类，后续通过三维构图软件 Image Visualization and analysis software（IVAS）还原其样品尖端原子三维分布。

1.6　超快速冷却条件下纳米碳化物析出相的控制

由东北大学开发的超快速冷却（ultra fast cooling）技术具有以下优点：冷却能力强、冷却速度调节范围广、冷却均匀性好、冷却方式灵活。该技术在国内已被推广应用到鞍钢、首钢、南钢、福建三钢及湖南涟钢等中厚板和热连轧生产线。

新一代 TMCP 技术（NG-TMCP）以超快冷为核心，其要点是：（1）在奥氏体区间"趁热打铁"，在适于变形的温度区间完成连续大变形和应变积累，得到硬化的奥氏体；（2）轧后立即进行超快速冷却，使轧件迅速通过奥氏体相区，保持轧件奥氏体硬化状态；（3）在奥氏体向铁素体相变的动态相变点终止冷却；（4）后续依照材料组织和性能的需要进行冷却路径的控制。与传统 TMCP 相比，NG-TMCP 在钢中析出物的控制上有着较为明显的优势：（1）抑制热轧过程中的应变诱导析出，使更多微合金元素保留到铁素体或贝氏体相变区，析出尺寸细小，明显地提高钢材的强度；（2）避免常规冷却过程中碳化物在穿越奥氏体区及高温铁素体区期间析出，并抑制冷却过程中析出物的长大；（3）通过精准的冷却路径控制，可获得最佳的碳化物析出工艺窗口。图 1-12 所示为 NG-TMCP 技术与传统 TMCP 技术在析出控制原理上的区别。

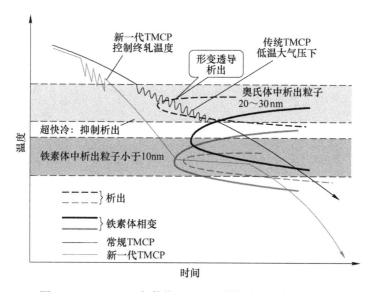

图 1-12　NG-TMCP 与传统 TMCP 工艺析出原理控制比较

2018 年来，东北大学对超快冷条件下的纳米碳化物析出控制进行了大量的研究，并取得了一系列较好的研究成果，此部分将在本研究的后续部分做详细叙述。此外，傅杰等对 CSP 工艺下的 HSLC 和 HSLA 钢进行了研究，认为纳米碳化物的析出行为与大冷速有直接的关系，提出了基于纳米铁碳析出物控制的 UHU 工艺路线（即 UFC—Holding—UFC），该路线具有与薄板坯连铸连轧类似的热历史，可使铁素体+珠光体类型钢屈服强度理论上达到 700MPa，因此，可在成品板厚较大的条件下，在整个钢材体积内获得相同体积分数的纳米析出物，该工艺对于宽厚板的生产具有重要意义。

1.7 本报告拟展开的研究内容及意义

本研究将通过对超快冷条件下低碳钢中纳米碳化物析出相的热力学与动力学进行计算，深入研究其控制机理与工艺，形成低碳钢中纳米碳化物类型、尺寸、数量、分布等特征的控制理论与技术，充分发挥析出强化作用，在不添加或少添加微合金元素的条件下，显著提高钢材的综合性能。

本研究的成果的推广可以较大幅度地挖掘钢铁材料的性能潜力、实现合金减量化设计、减少开发和生产成本，达到节能降耗的目的，还可产生巨大的经济和社会效益。本研究将为发展析出强化型和综合强化型高性能钢提供物理冶金学指导，所形成的理论和技术可推广应用于其他金属材料领域，具有重要的科学意义。

2 碳化物析出热力学与动力学计算

2.1 引言

对于钢铁材料来说,析出热力学和动力学可揭示钢中不同第二相的形成规律,为析出物的研究提供理论指导。比如通过热力学模型计算不同成分体系析出相的全固溶温度来优化钢种成分设计,或制定某一钢种的固溶处理温度以便保证各种组元能够溶于基体中;通过动力学计算了解加热过程中第二相的溶解行为,掌握第二相钉扎力及溶质拖曳力随温度和时间的变化规律,进而预测奥氏体晶粒的尺寸等。因此,通过析出热力学和动力学模型对第二相析出相关参数进行预测有助于优化新钢种的成分设计和科学高效地制定成型及热处理工艺,实现生产过程中析出的控制。

2.2 析出热力学计算

目前,针对奥氏体中理想配比型第二相析出热力学的研究较多[21~24],针对间隙原子缺位型第二相析出热力学的研究较少[25~27]。现有的热力学计算模型只适用于理想型或缺位型析出,普适性差,且需单独编程求解,效率低。本节讲述普适的第二相析出热力学模型的建立过程,并探究不同类型第二相的析出热力学行为及各组元的名义含量对复合相全固溶温度的影响。

2.2.1 模型建立

2.2.1.1 Fe-M^1-M^2-M^3-C-N 体系析出热力学模型

假设合金组元为 M^1、M^2 和 M^3,间隙组元为 C 和 N,基体为稀溶体。假设复合析出相分子式为 $(M_x^1 M_v^2 M_z^3)(C_y N_{1-y})_p$,其中 x、v 和 z 分别为结点点阵中M^1、M^2和M^3原子占位比例，其中$x+v+z=1$，y和$1-y$分别为间隙点阵中C和N原子占位比例，各参数取值均在$0\sim1$范围内。p为非金属原子总数与金属原子总数之比，当析出相为理想配比型时，$p=1$；当析出相为缺位型时，$p<1$。假定析出相由二元组元M^1C_p、M^1N_p、M^2C_p、M^2N_p、M^3C_p和M^3N_p组成，则该析出相的摩尔自由能[28]为：

$$G_m = xyG_{M^1C_p}^{\ominus} + x(1-y)G_{M^1N_p}^{\ominus} + vyG_{M^2C_p}^{\ominus} + v(1-y)G_{M^2N_p}^{\ominus} + \tag{2-1}$$
$$z(1-y)G_{M^3N_p}^{\ominus} + zyG_{M^3C_p}^{\ominus} - TS_m + G_m^E$$

式中，$G_{M^1C_p}^{\ominus}$、$G_{M^1N_p}^{\ominus}$、$G_{M^2C_p}^{\ominus}$、$G_{M^2N_p}^{\ominus}$、$G_{M^3C_p}^{\ominus}$、$G_{M^3N_p}^{\ominus}$分别为给定温度下各化合物组元的摩尔自由能；S_m混合熵；G_m^E过剩自由能。

混合熵可表示为：

$$S_m = pR_g[y\ln y + (1-y)\ln(1-y)] + R_g(x\ln x + v\ln v + z\ln z) \tag{2-2}$$

式中 R_g——理想气体常数。

目前仅知道相互作用能$L_{CN}^{Ti} = -4260\text{J/mol}$，假设$L_{CN} = L_{CN}^{M^1} = L_{CN}^{M^2} = L_{CN}^{M^3} = -4260\text{J/mol}$，$L_{M^iM^j}^C = 0$。基于规则溶体模型，过剩自由能可表示为：

$$G_m^E = y(1-y)L_{CN} \tag{2-3}$$

平衡条件下，各个基本组元M^1、M^2、M^3、C和N在基体中的化学位与析出相中的相等，故存在以下约束方程：

$$\overline{G}_{M^1C_p} - \overline{G}_{M^1} - p\overline{G}_C = 0 \tag{2-4}$$

$$\overline{G}_{M^1N_p} - \overline{G}_{M^1} - p\overline{G}_N = 0 \tag{2-5}$$

$$\overline{G}_{M^2C_p} - \overline{G}_{M^2} - p\overline{G}_C = 0 \tag{2-6}$$

$$\overline{G}_{M^2N_p} - \overline{G}_{M^2} - p\overline{G}_N = 0 \tag{2-7}$$

$$\overline{G}_{M^3C_p} - \overline{G}_{M^3} - p\overline{G}_C = 0 \tag{2-8}$$

$$\overline{G}_{M^3N_p} - \overline{G}_{M^3} - p\overline{G}_N = 0 \tag{2-9}$$

式中 $\overline{G}_{M^iX_p}$，$\overline{G}_{M^i}$，$\overline{G}_X$——分别为二元组元M^iX_p及基体中各基本组元的偏摩尔自由能。

基本组元化学位的热力学定义为：

$$\overline{G}_E = G_E^{\ominus} + R_g T\ln a_E \tag{2-10}$$

式中，下标 E 表示组元，a 为组元的活度。二元组元的偏摩尔自由能定义为：

$$\overline{G}_{MX_p} = G_m + \left(\frac{\partial G_m}{\partial Z_M}\right)Z_k - \sum_{i=1}^{n} Z_{M_i}\left(\frac{\partial G_m}{\partial Z_{M_i}}\right)_{Z_k} + \left(\frac{\partial G_m}{\partial Z_X}\right)Z_k - \sum_{j=1}^{n} Z_{M_j}\left(\frac{\partial G_m}{\partial Z_{M_j}}\right)_{Z_k}$$

(2-11)

利用式（2-1）和式（2-11）求得各二元组元的化学位为：

$$\overline{G}_{M^1C_p} = G^{\ominus}_{M^1C_p} + R_gT\ln x + z(1-y)(\Delta G_1 - \Delta G_3) + pR_gT\ln y + v(1-y)(\Delta G_1 - \Delta G_2) + (1-y)^2L_{CN}$$

(2-12)

$$\overline{G}_{M^1N_p} = G^{\ominus}_{M^1N_p} + y^2L_{CN} - zy(\Delta G_1 - \Delta G_3) - vy(\Delta G_1 - \Delta G_2) + pR_gT\ln(1-y) + R_gT\ln x$$

(2-13)

$$\overline{G}_{M^2C_p} = G^{\ominus}_{M^2C_p} + R_gT\ln v + z(1-y)(\Delta G_1 - \Delta G_3) + (1-y)^2L_{CN} - (1-v)(1-y)(\Delta G_1 - \Delta G_2) + pR_gT\ln y$$

(2-14)

$$\overline{G}_{M^2N_p} = G^{\ominus}_{M^2N_p} + pR_gT\ln(1-y) + R_gT\ln v - zy(\Delta G_1 - \Delta G_3) + (1-v)y(\Delta G_1 - \Delta G_2) + y^2L_{CN}$$

(2-15)

$$\overline{G}_{M^3C_p} = G^{\ominus}_{M^3C_p} + v(1-y)(\Delta G_1 - \Delta G_2) + R_gT\ln z + (1-y)^2L_{CN} - (1-z)(1-y)(\Delta G_1 - \Delta G_3) + pR_gT\ln y$$

(2-16)

$$\overline{G}_{M^3N_p} = G^{\ominus}_{M^3N_p} + (1-z)y(\Delta G_1 - \Delta G_3) + R_gT\ln z + y^2L_{CN} - vy(\Delta G_1 - \Delta G_2) + pR_gT\ln(1-y)$$

(2-17)

式中

$$\Delta G_1 = G^{\ominus}_{M^1N} - G^{\ominus}_{M^1C}, \quad \Delta G_2 = G^{\ominus}_{M^2N} - G^{\ominus}_{M^2C}, \quad \Delta G_3 = G^{\ominus}_{M^3N} - G^{\ominus}_{M^3C}$$

将式（2-10）与式（2-12）~式（2-17）结合后分别代入式（2-4）~式（2-9），得到：

$$R_gT\ln\frac{xy^pK_{M^1C_p}}{[M^1][C]^p} + v(1-y)(\Delta G_1 - \Delta G_2) + z(1-y)(\Delta G_1 - \Delta G_3) + (1-y)^2L_{CN} = 0$$

(2-18)

$$R_gT\ln\frac{x(1-y)^pK_{M^1N_p}}{[M^1][N]^p} - vy(\Delta G_1 - \Delta G_2) + y^2L_{CN} - zy(\Delta G_1 - \Delta G_3) = 0$$

(2-19)

$$R_gT\ln\frac{vy^pK_{M^2C_p}}{[M^2][C]^p} - (1-v)(1-y)(\Delta G_1 - \Delta G_2) + (1-y)^2L_{CN} +$$

$$z(1 - y)(\Delta G_1 - \Delta G_3) = 0 \tag{2-20}$$

$$R_g T\ln \frac{v(1 - y)^p K_{M^2N_p}}{[M^2][N]^p} + (1 - v)y(\Delta G_1 - \Delta G_2) - zy(\Delta G_1 - \Delta G_3) + y^2 L_{CN} = 0 \tag{2-21}$$

$$R_g T\ln \frac{zy^p K_{M^3C_p}}{[M^3][C]^p} - (1 - z)(1 - y)(\Delta G_1 - \Delta G_3) + v(1 - y)(\Delta G_1 - \Delta G_2)$$
$$+ (1 - y)^2 L_{CN} = 0 \tag{2-22}$$

$$R_g T\ln \frac{z(1 - y)^p K_{M^3N_p}}{[M^3][N]^p} + (1 - z)y(\Delta G_1 - \Delta G_3) - vy(\Delta G_1 - \Delta G_2) + y^2 L_{CN} = 0 \tag{2-23}$$

结合式 (2-18)~式 (2-23)，消除 ΔG_1、ΔG_2 与 ΔG_3，得到：

$$y\ln \frac{xy^p K_{M^1C_p}}{[M^1][C]^p} + (1 - y)\ln \frac{x(1 - y)^p K_{M^1N_p}}{[M^1][N]^p} + y(1 - y)\frac{L_{CN}}{R_g T} = 0 \tag{2-24}$$

$$y\ln \frac{vy^p K_{M^2C_p}}{[M^2][C]^p} + (1 - y)\ln \frac{v(1 - y)^p K_{M^2N_p}}{[M^2][N]^p} + y(1 - y)\frac{L_{CN}}{R_g T} = 0 \tag{2-25}$$

$$y\ln \frac{zy^p K_{M^3C_p}}{[M^3][C]^p} + (1 - y)\ln \frac{z(1 - y)^p K_{M^3N_p}}{[M^3][N]^p} + y(1 - y)\frac{L_{CN}}{R_g T} = 0 \tag{2-26}$$

$$vy\ln \frac{x[M^2]K_{M^1C_p}}{v[M^1]K_{M^2C_p}} + (1 - y)\ln \frac{x(1 - y)^p K_{M^1N_p}}{[M^1][N]^p} + y^2(1 - y)\frac{L_{CN}}{R_g T} +$$
$$z(1 - y)\ln \frac{z[M^1]K_{M^3N_p}}{x[M^3]K_{M^1N_p}} = 0 \tag{2-27}$$

式中，$[M^1]$、$[M^2]$、$[M^3]$、$[C]$、$[N]$ 分别为 T 温度下基体中相应组元的平衡固溶量；$K_{M^iX_j}$ 为以原子分数表示的各组元的固溶度积。

溶质原子主要存在于基体和第二相中，根据质量守恒法则可得：

$$M^1 = \frac{x}{1 + p}f + (1 - f)[M^1] \tag{2-28}$$

$$M^2 = \frac{v}{1 + p}f + (1 - f)[M^2] \tag{2-29}$$

$$M^3 = \frac{z}{1 + p}f + (1 - f)[M^3] \tag{2-30}$$

$$C = \frac{yp}{1+p}f + (1-f)[C] \tag{2-31}$$

$$N = \frac{(1-y)p}{1+p}f + (1-f)[N] \tag{2-32}$$

式中　　　　　　　　f——复合析出相摩尔分数；

M^1，M^2，M^3，C，N——分别为各组元的初始含量。

体系的热力学平衡状态由式（2-24）~式（2-32）组成的方程组确定。该方程组共含有九个未知参量 $[M^1]$、$[M^2]$、$[M^3]$、$[C]$、$[N]$、x、y、v 和 f，采用数值求解法可得到不同温度下体系的热力学平衡信息。常用的固溶度积公式采用组元的质量分数乘积的形式，需将其转换成以原子分数乘积表示的形式：

$$K_{MX_p} = [M][X]^p = \frac{(A_{Fe})^2}{10^4 A_M A_X} \times 10^{B-\frac{A}{T}} \tag{2-33}$$

式中　A_{Fe}，A_M，A_X——分别为相应组元的相对原子质量；

　　　B，A——分别为相应固溶度积公式中的常数。

此外，该热力学模型也适用于合金组元种类较少的体系。比如针对 Fe-M^1-M^2-C-N 体系，假定析出相分子式为 $(M_x^1 M_{1-x}^2)(C_y N_{1-y})_p$，则热力学方程为：

$$y\ln\frac{xy^p K_{M^1C_p}}{[M^1][C]^p} + (1-y)\ln\frac{x(1-y)^p K_{M^1N_p}}{[M^1][N]^p} + y(1-y)\frac{L_{CN}}{R_g T} = 0 \quad (2\text{-}34)$$

$$y\ln\frac{(1-x)y^p K_{M^2C_p}}{[M^2][C]^p} + (1-y)\ln\frac{(1-x)(1-y)^p K_{M^2N_p}}{[M^2][N]^p} + y(1-y)\frac{L_{CN}}{R_g T} = 0$$
$$\tag{2-35}$$

$$x\ln\frac{x(1-y)^p K_{M^1N_p}}{[M^1][N]^p} + (1-x)\ln\frac{(1-x)(1-y)^p K_{M^2N_p}}{[M^2][N]^p} + y^2\frac{L_{CN}}{R_g T} = 0$$
$$\tag{2-36}$$

2.2.1.2　Fe-M^1-M^2-M^3-Al-C-N 体系析出热力学模型

Al 和 N 具有较强的亲和力，体系中加入 Al，会有 AlN 析出。AlN 具有六方结构，与具有 NaCl 结构的 MX 相不互溶，将独立析出。因此，只需在式

（2-24）~式（2-27）基础上加入 AlN 固溶度积公式及修改质量平衡方程即可构建析出热力学模型：

$$K_{AlN} = [Al][N] = \frac{(A_{Fe})^2}{10^4 A_{Al} A_N} \times 10^{B - \frac{A}{T}} \tag{2-37}$$

$$M^1 = \frac{x}{1+p} f + (1 - f - f_{AlN})[M^1] \tag{2-38}$$

$$M^2 = \frac{v}{1+p} f + (1 - f - f_{AlN})[M^2] \tag{2-39}$$

$$M^3 = \frac{z}{1+p} f + (1 - f - f_{AlN})[M^3] \tag{2-40}$$

$$C = \frac{yp}{1+p} f + (1 - f - f_{AlN})[C] \tag{2-41}$$

$$N = \frac{(1-y)p}{1+p} f + (1 - f - f_{AlN})[N] \tag{2-42}$$

$$Al = \frac{1}{2} f_{AlN} + (1 - f - f_{AlN})[Al] \tag{2-43}$$

式中   Al，[Al]——分别为 Al 的初始原子分数和温度 T 时基体中 Al 的平衡固溶量。

2.2.2 计算结果与讨论

2.2.2.1 模型验证

Mori[29] 等测定了 Fe-0.468C-0.064N-0.124Nb 及 Fe-0.474C-0.0717N-0.575Nb（原子分数,%）合金在 1273K、1373K 和 1473K 时缺位型第二相 Nb($C_y N_{1-y}$)$_{0.87}$ 析出时体系的热力学平衡信息，包括基体浓度、析出相成分及其摩尔分数。针对两种体系的测定结果如图 2-1 和图 2-2 中散点所示，采用本节模型计算的平衡信息如图中曲线所示。由图可知，基体中 Nb 浓度与 C 浓度随温度降低而减小，析出相中 C 原子占位比及析出相的摩尔分数随温度降低而增加。图 2-1b 中 1273K 温度下，y 值计算值与实测值有一定偏差，这可能是实验测定时误差较大所致，除此之外，其余各温度下计算值与实测值吻合较好，证明了模型的可靠性。

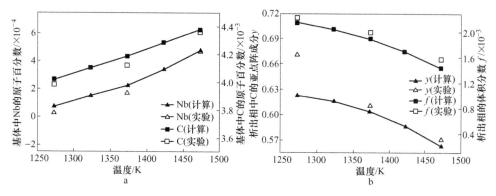

图 2-1　不同温度下 Fe-0.468C-0.064N-0.124Nb 中

$Nb(C_yN_{1-y})_{0.87}$ 与基体间的平衡信息

a—基体中 Nb 及 C 浓度；b—析出相体积分数及 C 在亚点阵中的成分

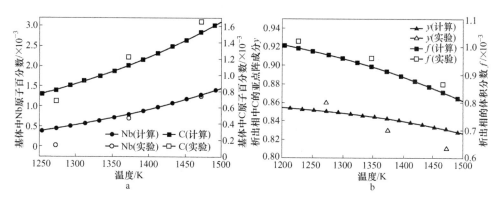

图 2-2　不同温度下 Fe-0.474C-0.0717N-0.575Nb 中

$Nb(C_yN_{1-y})_{0.87}$ 与基体间的平衡信息

a—基体中 Nb 及 C 浓度；b—析出相体积分数及 C 在亚点阵中的成分

2.2.2.2　析出相类型对平衡信息的影响

由于针对缺位型析出相溶解度的研究较少，因此多种缺位型第二相溶解度公式尚未建立。根据 Perez[30] 在计算 NbC_xN_y 析出动力学时提出的计算缺位型第二相溶解度的公式及文献［31］中的钢种成分，计算了不同温度下 $(Nb_xTi_{1-x})(C_yN_{1-y})$ 及 $(Nb_xTi_{1-x})(C_yN_{1-y})_{0.87}$ 与基体间的平衡信息，结果如图 2-3 所示。

由图 2-3a 及图 2-3b 可知，在相同温度下，相比于理想型析出相，缺位型

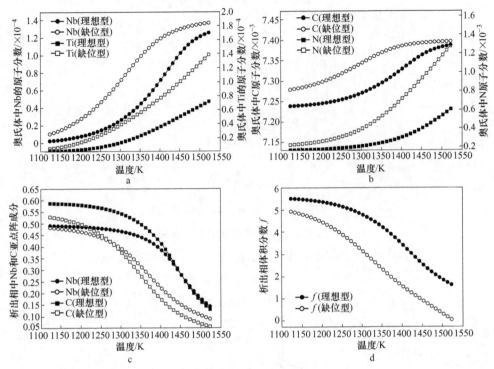

图 2-3　不同温度下 $(Nb_xTi_{1-x})(C_yN_{1-y})$ 及 $(Nb_xTi_{1-x})(C_yN_{1-y})_{0.87}$
与基体间的热力学平衡信息

a—基体中 Nb 及 Ti 浓度；b—基体中 C 及 N 浓度；c—析出相中 Nb 和 C
的亚点阵成分；d—析出相体积分数

析出相的溶解度较大，基体中各组元的浓度较高。由图 2-3c 可知，在析出初始阶段，Nb 和 C 在析出相亚点阵中占位比例非常低，第二相初始成分接近纯 $TiN_{0.87}$，缘于 $TiN_{0.87}$ 的溶解度较 $TiC_{0.87}$、$NbN_{0.87}$ 和 $NbC_{0.87}$ 小。随着温度降低，析出相中 Nb 和 C 占位比例逐渐增加，这表明在连续冷却过程中，析出相成分从心部到表层逐渐变化，内层富 Ti，外层富 Nb。析出相体积分数随温度变化曲线如图 2-3d 所示，体积分数随温度降低单调增加。相比于理想型析出相，缺位型第二相溶解度较大，其相应的析出量较少，体积分数较小。

2.2.2.3　全固溶温度 (T_{ab}) 的计算

只需将多元系中合金组元的名义成分及固溶度积公式参数代入模型中的热力学公式即可计算复合相的全固溶温度。组元名义含量对 T_{ab} 的影响如图2-4所示。由图可知，随着 Ti、Nb 和 N 组元名义含量的增加，T_{ab} 显著增加。Ti 百分含量从 0.01 增加至 0.2 可使 T_{ab} 增加近 600℃，Nb 含量增加 0.2 可使 T_{ab} 增加约 30℃，N 含量增加 0.01 可使 T_{ab} 升高 500℃，而 V 和 C 对全固溶温度影响较小。由此可知各组元对全固溶温度的影响程度依次为：N > Ti > Nb > V > C。

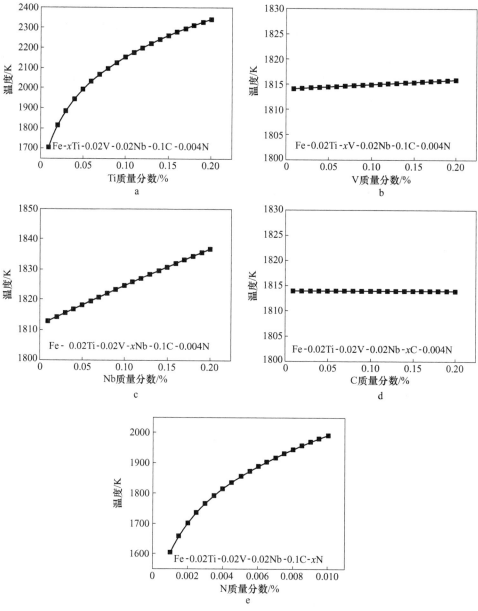

图 2-4　不同溶质含量对复合相全固溶温度的影响

a—Ti；b—V；c—Nb；d—C；e—N

2.3 析出动力学计算

复合第二相形核与长大过程受多种原子扩散控制，由于无法定量化不同原子扩散对析出的影响，计算该类析出相 PTT 曲线的模型及预测其析出动力学的模型都还未建立。本节采用平均扩散速率表征合金原子对第二相形核长大过程影响的思想，利用 Adrian 模型[32]计算析出相与基体间的平衡信息，利用 L-J 模型[33]计算析出相的体积自由能，基于经典形核长大理论[34]和 Johnson-Mehl-Avrami 方程[35~37]，建立了计算第二相 PTT 曲线的模型以及预测复合第二相析出动力学的模型。

2.3.1 析出-时间-温度（PTT）曲线计算

2.3.1.1 模型的建立

A 热力学计算

合金组元 Ti、V 和 Nb 均为强碳氮化物形成元素，极易与钢中 C 和 N 组元结合生成 TiC、TiN、VC、VN、NbC 和 NbN。这些二元化合物均为 NaCl 型面心立方结构，且晶格常数较接近，可以无限互溶形成复合碳氮化物。不同温度下复合相与基体间的平衡信息可以采用上节热力学模型计算得到。

B 临界形核功和临界半径

假定第二相在基体中均匀析出，呈球形，则其析出时引起的能量变化为：

$$\Delta G = \Delta G_{chem} + \Delta G_{int} \tag{2-44}$$

式中 ΔG_{chem}——化学自由能变化；

ΔG_{int}——界面能变化。

$$\Delta G_{chem} = \frac{4}{3}\pi R^3 \Delta G_V \tag{2-45}$$

$$\Delta G_{int} = 4\pi R^2 \gamma \tag{2-46}$$

式中 R——析出相的半径；

γ——析出相界面能；

ΔG_V——析出相的体积自由能。

$$\Delta G_V = -\frac{R_g T}{V_m}\left(\ln\frac{[M^1]_0}{[M^1]} + \ln\frac{[M^2]_0}{[M^2]} + \ln\frac{[M^3]_0}{[M^3]} + \ln\frac{[C]_0}{[C]} + \ln\frac{[N]_0}{[N]}\right)$$

(2-47)

式中，V_m 为析出相的摩尔体积；$[M^1]_0$，$[M^2]_0$，$[M^3]_0$，$[C]_0$，$[N]_0$ 分别为析出开始前相应组元在基体中的固溶量。

由式（2-44）对 R 的导数为 0 得到临界形核半径 R_c 为：

$$R_c = -\frac{2\gamma}{\Delta G_V}$$

(2-48)

将 R_c 代入式（2-44）得到临界形核功为：

$$\Delta G_c = \frac{16\pi\gamma^3}{3\Delta G_V^2}$$

(2-49)

C　形核率

由于合金原子扩散比间隙原子慢得多，假定析出相形核过程由合金原子扩散控制。依据经典形核理论，第二相的稳态形核率[33]为：

$$I = N_n Z\beta\exp\left(-\frac{\Delta G_c}{k_B T}\right)$$

(2-50)

式中　Z——Zeldovich 因子（≈ 0.05）；

N_n——有效形核位置点（$= 1/a^3$）[31]；

k_B——Boltzmann 常数；

β——临界核心吸收溶质原子的频率。

$$\beta = \frac{4\pi R_c^2 D_{ev} X_0}{a^4}$$

(2-51)

采用平均体扩散率表征各成核原子对复合相形核和长大过程的影响[38]。

$$D_{ev} = xD_{M^1} + vD_{M^2} + (1 - x - v)D_{M^3}$$

(2-52)

$$D_{M^1} = D_{M^{i0}}\exp\left(-\frac{Q_i}{R_g T}\right)$$

(2-53)

$$X_0 = x[M^1]_0 + v[M^2]_0 + (1 - x - v)[M^3]_0$$

(2-54)

式中 D_{ev}——合金原子平均体扩散率；

$\quad\quad D_{M^i}$——i 组元的体扩散率；

$\quad\quad D_{M^{i0}}$——i 组元的体扩散系数；

$\quad\quad Q_i$——i 组元的体扩散激活能；

$\quad\quad X_0$——基体中合金原子的平均浓度；

$\quad\quad a$——基体晶格常数。

晶核形成后其附近微区内的溶质过饱和度及体积自由能将迅速降低，导致临界形核功大量增加，形核率将迅速下降并衰减到 0，故实际形核率为：

$$I_t = I\exp\left(-\frac{t}{\tau_e}\right) \tag{2-55}$$

式中 τ_e——有效形核时间。

t 时间内形成的全部核心数为：

$$N_S = \int_0^\infty I_t \mathrm{d}t = I\tau_e \tag{2-56}$$

D 析出相的长大

假定析出相的长大受合金原子体扩散控制，且周围基体中的合金原子向析出相核心径向扩散为稳态扩散，根据 Zener 长大方程[39]，析出粒子长大速率为：

$$v = \frac{\mathrm{d}R}{\mathrm{d}t} = \frac{D_{ev}}{R}\frac{X_0 - X_i}{X_p - X_i} \tag{2-57}$$

式中 X_i，X_p——分别为界面处和第二相中合金原子的平均浓度。

由式（2-57）积分得到析出相的半径与长大时间 t 之间的关系式为：

$$R^2 = 2D_{ev}\frac{X_0 - X_i}{X_p - X_i}t \tag{2-58}$$

E 析出曲线

第二相的析出分数随时间的变化可以用 Johnson-Mehl-Avrami 方程定量描述，该方程由 Johnson 和 Mehl 在研究结晶动力学时首次提出，经 Avrami 发展和完善后，被广泛应用于研究扩散型固态相变动力学。假定第二相的平衡析

出总量为 f，令 $\lambda^2 = 2(X_0 - X_i)/(X_p - X_i)$，$f$ 可以表述为：

$$f = 1 - \exp(-Wt^n) \tag{2-59}$$

式中　n——Avrami 指数，与形核机制和长大机制有关；

　　　W——析出相形核率和长大率的函数，与合金成分及相变温度有关。

将析出相的总体积 $\dfrac{4}{3}\pi R^3 I\tau_e$ 代入式（2-59），得到：

$$f = 1 - \exp\left(-\frac{4}{3}\pi I\tau_e\lambda^3 D_{ev}^{\frac{3}{2}} t^{\frac{3}{2}}\right) \tag{2-60}$$

对比式（2-59）和式（2-60），得到 n 值为 1.5，$W = \dfrac{4}{3}\pi I\tau_e\lambda^3 D_{ev}^{3/2}$。计算 PTT 曲线时，通常选择析出总量达到 5%f 作为析出开始点（$t_{0.05}$），95%f 为结束点（$t_{0.95}$）。受到某些难以精确计算的参数的限制，第二相开始形核的绝对起始点 t_0 无法确定，开始点和结束点也无法准确确定。为了便于研究第二相的析出行为，采用析出时间的相对值。当析出量为 5%，即 $f = 0.05$ 时，对 f 的表达式取双对数得到：

$$\lg t_{0.05} = \frac{1}{1.5}\left[-1.28994 - \lg\left(\frac{4\pi^2\tau_e\lambda^3 N_n}{15a^4}\right) - \lg X_0 - \frac{5}{2}\lg D_{ev} - 2\lg R_c + \frac{1}{\ln 10}\frac{\Delta G_c}{k_B T}\right] \tag{2-61}$$

忽略温度对 λ 的影响，则式（2-61）中 $\lg\dfrac{4\pi^2\tau_e\lambda^3 N_n}{15a^4}$ 与温度无关。终冷温度不同，析出相成分不同。随着析出相成分的改变，平均浓度值会稍有改变，但其值对温度的变化不敏感。忽略温度对 $\lg X_0$ 数值的影响，令 $\lg t_0 = -\dfrac{1}{1.5}$

$(\lg\dfrac{4\pi^2\tau_e\lambda^3 N_n}{15a^4} + \lg X_0)$。式（2-61）变形得到相对值：

$$\lg\frac{t_{0.05}}{t_0} = \frac{1}{1.5}\left(-1.28994 - \frac{5}{2}\lg D_{ev} - 2\lg R_c + \frac{1}{\ln 10}\frac{\Delta G_c}{k_B T}\right) \tag{2-62}$$

$$\lg\frac{t_{0.95}}{t_{0.05}} = \frac{1}{1.5}\lg\left(\frac{\ln 0.05}{\ln 0.95}\right) \tag{2-63}$$

2.3.1.2　计算结果与讨论

针对文献 [40] 中的实验进行模拟计算，验证模型的可靠性。实验材料成分为（质量分数,%）：C0.09，Mn1.05，Si0.25，N0.0037，Ti0.011，V0.03，Nb0.025。样品在 K010 箱式电阻炉中于 1200℃ 保温 72h 后淬火至室温，切取相应的试样后在 MMS-300 热力模拟试验机上进行测试实验。具体的热处理及加工工艺：以 10℃/s 的加热速率将试样加热到 1200℃ 保温 3min，再以 10℃/s 的冷却速率冷却到 900℃ 后施以 60% 的变形，再以 80℃/s 的冷却速率分别冷却到 540℃、580℃、620℃ 和 660℃ 之后以 0.1℃/s 的冷却速率缓慢冷却至室温。

A　全固溶温度的计算

合金组元全固溶温度的准确计算不仅对热处理工艺的制定有很大的指导作用，对平衡析出的计算也非常重要。将合金的名义成分代入热力学模型即可得到全固溶温度及第二相开始析出时的原子占位比，将这些值作为其他温度下析出热力学计算的迭代初值，可避免迭代初值选择的盲目性，使计算过程更加高效。由计算可知，实验材料中合金元素的全固溶温度为 1706K。

B　平衡固溶量的计算

固溶处理温度下溶质原子的实际固溶量对低温区第二相析出动力学有很大的影响作用。通过对全固溶温度的计算可知，钢在 1200℃ 保温并不能使碳氮化物完全溶解，且保温 72h 会使第二相达到平衡析出，该温度下试样中各合金组元的实际固溶量的计算结果如图 2-5 所示。可以看出，在固溶处理温

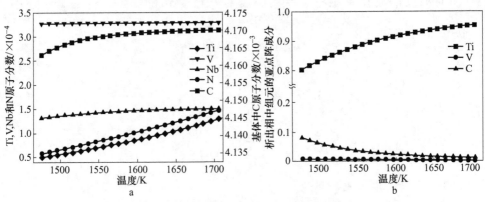

图 2-5　不同温度下析出的热力学平衡信息

a—基体成分；b—析出相成分

度下，以 Ti 和 N 原子析出为主，Nb 和 V 几乎不析出，析出相中 Ti 原子占位高达 80% 以上。

C 终轧结束时实际固溶量的计算

1200℃ 保温 3min 后将钢以 10℃/s 的冷却速率冷却到 900℃，再施加 60% 的变形，在此过程中会有一定量的第二相析出。由于时间较短，假定实际析出量仅为平衡析出量的 20%，则 900℃ 下的实际固溶量为 1200℃ 下平衡固溶量减去 900℃ 下平衡析出量的 20%。

D 复合相在铁素体中的析出行为

复合析出相 $(Ti_xV_vNb_{1-x-v})(C_yN_{1-y})$ 可看作由各二元化合物互溶形成，其摩尔体积随各组元含量的变化而变化，可采用线性内插法求复合析出相的摩尔体积。第二相与基体间的界面能对析出相的临界半径和临界形核功起着决定作用，准确计算出界面能值是准确计算 PTT 曲线的前提。界面能随各组元含量及温度的变化而变化。采用线性内插法求复合析出相与基体间的界面能。采用本模型计算的第二相临界晶核半径、临界形核功及相对沉淀析出时间随温度变化曲线如图 2-6 所示。由图 2-6a 和图 2-6b 可知，临界晶核尺寸与临界形核功均随温度降低单调减小，温度越低，其值越小。在温度低于 950K 时，临界晶核尺寸已不足 0.5nm。

第二相析出受到析出驱动力和成核原子扩散率的共同影响。温度越高，溶质原子扩散越快。温度越低，溶质过饱和度越大，析出驱动力越大。在二者共同作用下，存在一个最快析出温度。在该温度等温，可以获得数量最多、分布最弥散的第二相颗粒，这对于探究析出强化有着非常重要的意义。

实验结果[40] 表明，第二相在 620℃ 析出最快，在 660℃ 比在 580℃ 析出快。由于实验中采用的温度点较分散，无法确定理论最快析出温度就是 620℃，可以确定的是最快析出温度一定在 620~660℃ 之间，且非常靠近 620℃。采用式（2-62）和式（2-63）计算得到的复杂析出相在铁素体区析出的 PTT 曲线如图 2-6c 所示。曲线呈典型的"C"形[41]，且最快析出温度为 901K，即 628℃，这与实验结果吻合。应用式（2-47）计算析出相体积自由

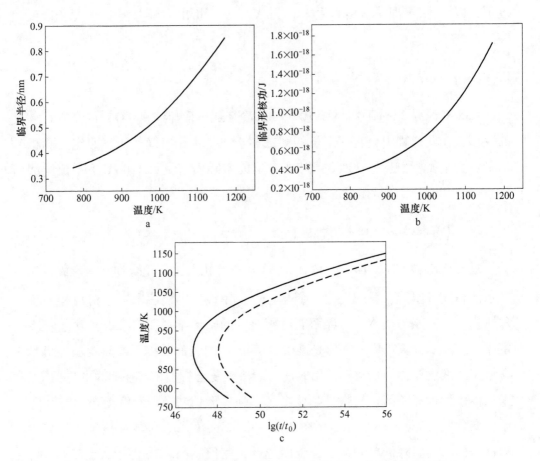

图 2-6 复合析出相在铁素体中析出的临界晶核半径、临界形核功及相对

沉淀析出时间随温度变化的曲线

a—临界半径；b—临界形核功；c—PTT 曲线

能变化，无需求取不同温度下析出相的溶解度公式，计算效率高。此外，该模型具有较好的适用性，适用于铁素体或奥氏体中简单析出相 PTT 曲线的计算，也适用于复合析出相 PTT 曲线的计算。

E 铁素体中不同体系 PTT 曲线计算

假定固溶处理温度为 1200℃，固溶处理温度下 N 原子全部析出，铁素体中的析出相为 $(Ti_xV_vNb_{1-x-v})$ C，基体相为规则溶体，复合析出相为 TiC、VC 和 NbC 的理想溶体。

a Ti 含量的影响

不同 Ti 含量条件下 Fe-0.1C-xTi-0.01V-0.01Nb-0.004N（质量分数,%）系铁素体区 PTT 曲线如图 2-7 所示。所有曲线均呈现"C"形，随 Ti 含量增加，鼻点温度升高。当 Ti 含量从 0.01 增加到 0.05 时，鼻点温度从 755K 升高到 945K，增量为 190K，但 Ti 含量从 0.05 增加到 0.1 时，鼻点温度仅仅增加 50K，这表明鼻点温度随 Ti 含量增加先快速增加后缓慢增加，也表明在相同温度下随着 Ti 含量增加，过饱和度差异越来越小。

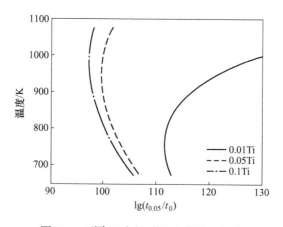

图 2-7　不同 Ti 含量对 PTT 曲线的影响

如图 2-8a 所示，随温度降低过饱和度曲线单调增加。过饱和度单调增加使相变驱动力（绝对值）单调增加（图 2-8b），使临界形核功（图 2-8c）单调减小，进而使临界形核功在与平均扩散率竞争过程中仅仅出现一个平衡点，从而使 PTT 曲线只存在一个鼻点。

b V 含量的影响

不同 V 含量条件下 Fe-0.1C-0.01Ti-xV-0.01Nb-0.004N 系铁素体区 PTT 曲线如图 2-9 所示。当 V 含量从 0.01 增加到 0.05 时，鼻点温度从 755K 升高到 785K，增量为 30K，V 含量从 0.05 增加到 0.1 时，鼻点温度升至 825K，增量为 50K，这表明随 V 含量均匀增加，鼻点温度均匀增加，这与 Ti 含量对 PTT 曲线的影响不同。

c Nb 含量的影响

不同 Nb 含量条件下 Fe-0.1C-0.01Ti-0.01V-xNb-0.004N 系铁素体区 PTT 曲线如图 2-10 所示。Nb 含量为 0.01、0.05 和 0.1 对应的鼻点温度分别为

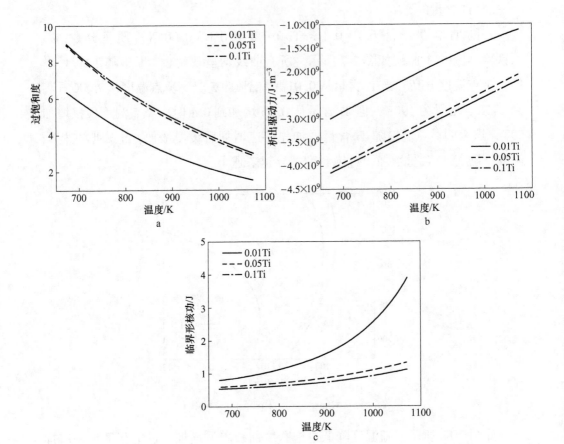

图 2-8 Ti 含量对析出参数的影响

a—过饱和度；b—析出驱动力；c—临界形核功

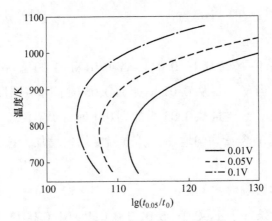

图 2-9 不同 V 含量对 PTT 曲线的影响

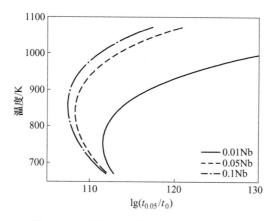

图 2-10 不同 Nb 含量对 PTT 曲线的影响

755K、840K 和 860K，增量依次为 85K 和 20K。相比于 Ti 含量的影响，Nb 含量的影响较弱。

2.3.2 微合金碳氮化物析出行为预测

2.3.2.1 模型建立

A 形核自由能变化

位错线处具有较大的能量起伏和结构起伏，是第二相优先形核的位置。假定析出相为球形，第二相形核引起的能量变化为：

$$\Delta G = \Delta G_{chem} + \Delta G_{int} + \Delta G_{dis} \tag{2-64}$$

式中 ΔG_{chem}，ΔG_{int}——分别为化学能及界面能变化；

ΔG_{dis}——位错为第二相形核提供的能量：

$$\Delta G_{dis} = -0.4\mu b^2 R \tag{2-65}$$

式中 R——所有粒子的平均半径；

μ——基体的剪切模量；

b——伯格斯矢量。

临界形核功可表示为：

$$\Delta G_c = \frac{16}{3}\pi \frac{\gamma^3}{\Delta G_V^2} + 0.8\mu b^2 \frac{\gamma}{\Delta G_V} \tag{2-66}$$

B 形核率

通常，位错节点为第二相形核优选位置，形核率为：

$$\frac{dN}{dt}\bigg|_{nucl} = N_p Z\beta\exp\left(-\frac{\Delta G_c}{kT}\right)\exp\left(-\frac{\tau}{t}\right) \tag{2-67}$$

式中　Z——Zeldovich 非平衡因子，取值 0.05；

β——临界核心接收原子的速率；

N_p——为单位体积内形核位置数；

τ——孕育期；

k——Boltzmann 常数。

各参数相关表达式为：

$$N_p = 0.5\rho^{1.5} \tag{2-68}$$

$$\beta = \frac{4\pi R_c^2 D_{av}^{bulk} X}{a^4} \tag{2-69}$$

$$\tau = \frac{1}{2\pi\beta} \tag{2-70}$$

式中　ρ——位错密度；

X——合金原子即时浓度的均值，如式（2-54）所示；

D_{av}^{bulk}——合金原子体扩散率加权平均值，如式（2-52）所示；

a——基体晶格常数。

C 长大率

假定溶质原子在基体与第二相间的扩散为稳态扩散，根据 Zener 长大方程及 Gibbs-Thomson 效应，第二相长大速度为：

$$\frac{dR}{dt}\bigg|_{growth} = \frac{D_{av}^{bulk}}{R}\frac{X - X_{eq}[R_0/(X_P R)]}{X_P - X_{eq}[R_0/(X_P R)]} + \frac{1}{N}\frac{dN}{dt}(\alpha R_c - R) \tag{2-71}$$

式中　X_{eq}——T 温度下基体中合金原子的平衡浓度的加权均值；

R_0——热力学参数。

式（2-71）右边第一项为已有粒子的平均长大速率，第二项为新形核粒子对所有粒子平均半径的贡献。

$$R_0 = \frac{2\gamma V_m}{R_g T} \tag{2-72}$$

D 粗化率

粗化过程中粒子数变化率及粒子半径变化率可分别表示为:

$$\left.\frac{dN}{dt}\right|_{coars} = \frac{4}{27} \frac{D_{eff} R_0}{R^3} \frac{X_{eq}[R_0/(X_P R)]}{X_P - X_{eq}[R_0/(X_P R)]}$$

$$\left\{ \frac{R_0 X_{eq}\left(\dfrac{R_0}{X_P R}\right)}{R\left[X_P - X_{eq}\left(\dfrac{R_0}{X_P R}\right)\right]} \left(\frac{3}{4\pi R^3} - N\right) - 3N \right\} \tag{2-73}$$

$$\left.\frac{dN}{dt}\right|_{coars} = \frac{4}{27} \frac{D_{eff} R_0}{R^2} \frac{X_{eq}[R_0/(X_P R)]}{X_P - X_{eq}[R_0/(X_P R)]} \tag{2-74}$$

为了使析出由长大阶段向粗化阶段稳定过渡,Deschamps 和 Brechet[41] 采用粗化因子 f_{coars} 将 $\left.\dfrac{dR}{dt}\right|_{growth}$ 和 $\left.\dfrac{dR}{dt}\right|_{coars}$ 进行连接:

$$\frac{dR}{dt} = \left.\frac{dR}{dt}\right|_{coars} f_{coars} + \left.\frac{dR}{dt}\right|_{growth} (1 - f_{coars}) \tag{2-75}$$

$$f_{coars} = 1 - 1000\left(\frac{R}{R_c} - 1\right)^2 \quad 0.99 R_c < R < 1.01 R_c \tag{2-76}$$

若 $-\left.\dfrac{dN}{dt}\right|_{coars} < \left.\dfrac{dN}{dt}\right|_{nucl}$,则 $\left.\dfrac{dN}{dt} = \dfrac{dN}{dt}\right|_{nucl}$;

若 $-\left.\dfrac{dN}{dt}\right|_{coars} > \left.\dfrac{dN}{dt}\right|_{nucl}$,则 $\left.\dfrac{dN}{dt} = \dfrac{dN}{dt}\right|_{coars} f_{coars}$。

2.3.2.2 结果与讨论

A 铁素体中复合相析出

a 基体及复合相的浓度

图 2-11 所示为 Fe-0.09C-0.025Nb-0.03V-0.011Ti-1.05Mn-0.25Si-0.0037N(质量分数,%)钢 Nb 和 V 在基体及复合相中成分随温度的变化情况。随温

度降低，析出相中 Nb 原子比例逐渐降低，V 原子比例增加。基体中 Nb 和 V 原子平衡固溶量均随温度降低而降低。

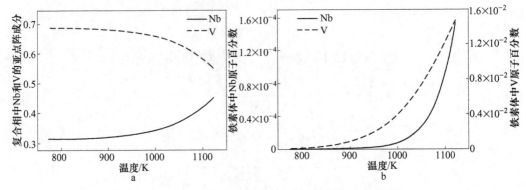

图 2-11　基体成分及复合相亚点阵成分随温度变化情况

a—析出相中 Nb 和 V 的点阵成分；b—基体中 Nb 和 V 的浓度

b　界面能对析出动力学的影响

析出相与基体间的界面能对析出过程有很大的影响。随着析出粒子尺寸的变化，界面能逐渐增大，但其值难以准确确定。通常，在模拟析出动力学过程中，将界面能看作一个拟合常数。650℃下不同界面能值对析出动力学影响如图 2-12 所示。据图可知，界面能从 $0.55J/m^2$ 降到 $0.5J/m^2$，第二相形核率从 15 个数量级增加到 22 个数量级，形核时间从 10000s 降低到不足 100s，这表明界面能越大，析出形核越困难。

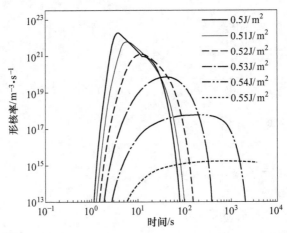

图 2-12　界面能对析出形核率的影响

图 2-13 所示为界面能对析出数量密度的影响。当数量密度达到最大值时，每条曲线都出现一个平台。平台开始点为形核结束时间，平台结束点为粒子粗化阶段开始时间，平台的出现意味着形核阶段和粗化阶段未出现交合。界面能越大，形核结束时间越长，平台持续时间也越长。

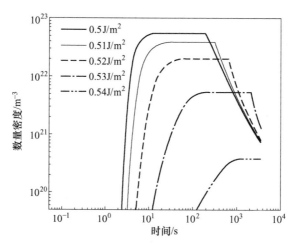

图 2-13 界面能对析出数量密度的影响

c 模型验证

当界面能取值 0.52J/m² 时，计算得到的 650℃ 下 Fe-0.09C-0.025Nb-0.03V-0.011Ti-1.05Mn-0.25Si-0.0037N（质量分数,%）钢中第二相粒子平均直径随时间变化曲线如图 2-14 所示。由图可知，计算结果与实验测定结果比较吻合，尤其是时间较长时。

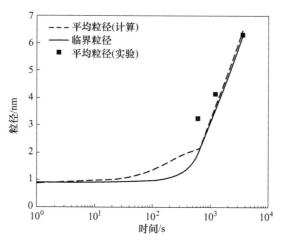

图 2-14 平均粒子直径随时间的变化

更多的动力学信息如图 2-15 所示。由图 2-15a 可知，形核孕育期不足 4s，此后出现爆发式形核，形核率迅速增加。大约在 70s 时形核结束，此时析出相的数量密度达到最大。在 700s 时粒子开始粗化，数量密度快速降低。基体中溶质原子浓度随时间变化如图 2-15b 所示，大致可分为 4 个区域：（1）区为孕育期，在此期间溶质浓度几乎不变；（2）区为形核阶段，溶质浓度略有降低；（3）区为粒子长大阶段，随着溶质原子的消耗，基体中溶质浓度快速降低，并消耗殆尽；（4）区为粒子粗化阶段，在此期间溶质浓度较低且几乎不变。当基体中溶质浓度很低时，析出相形核驱动力迅速降低，临界形核功急剧增加，如图 2-15c 所示。

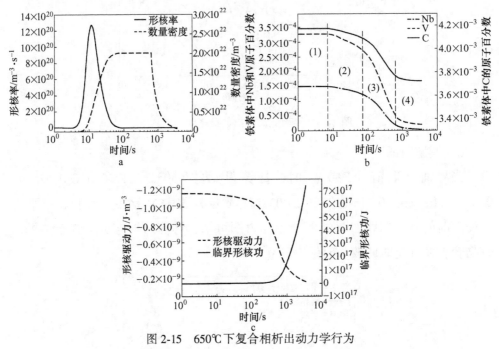

图 2-15 650℃下复合相析出动力学行为

a—形核率与数量密度；b—基体浓度；c—形核驱动力及临界形核功

B 奥氏体中复合相析出行为

针对 Fe-0.08C-1.85Mn-0.067Nb-0.02Ti-0.056V-0.0034N（质量分数,%）体系，计算了奥氏体区复合相析出动力学行为。复合相界面能及摩尔体积随温度变化如图 2-16 所示，随温度降低，界面能逐渐增加，摩尔体积逐渐降低。当温度降低 100K 时，界面能约降低 0.05J/m²，这会对形核率和数量密

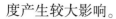

度产生较大影响。

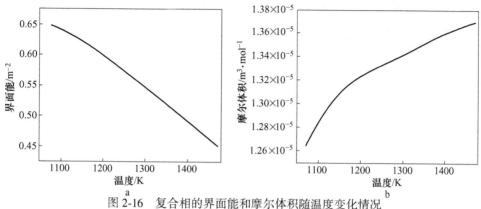

图 2-16 复合相的界面能和摩尔体积随温度变化情况

a—界面能；b—摩尔体积

不同温度下复合相形核率、数量密度和平均尺寸随时间变化曲线如图2-17所示。

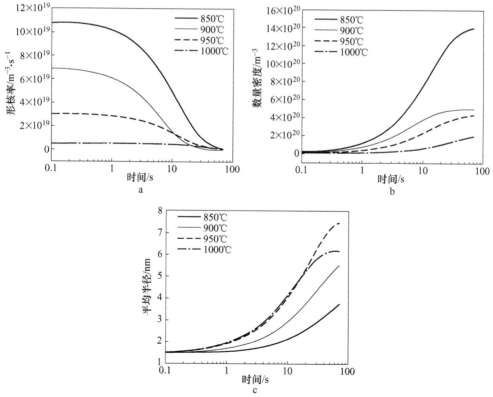

图 2-17 不同温度下析出相参数随时间变化

a—形核率；b—数量密度；c—平均半径

随温度降低，过饱和度增加，析出相形核驱动力增加，临界形核半径及临界形核功降低，形核率迅速增加，析出的数量密度随即增加。温度降低100K 可使形核率增加约 4 倍。应力诱导析出形核时间较短，不足 50s，约在2s 时即可出现长大现象。温度越高，溶质原子扩散越快，析出相长大越快，在 1000℃下 100s 时析出相半径即可达到 7.5nm。基体中溶质浓度随时间变化情况如图 2-18 所示。Ti、Nb 和 C 浓度在 950℃时下降最早最快，这表明该温度是最快析出温度，这与实验结果相吻合。

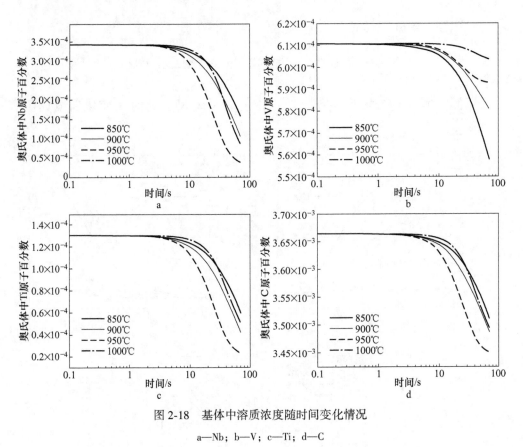

图 2-18 基体中溶质浓度随时间变化情况

a—Nb；b—V；c—Ti；d—C

2.3.3 渗碳体析出行为预测

根据动力学模型，预测了 Fe-0.17C-0.2Si-0.7Mn-0.004P-0.001S-0.002N（质量分数,%）钢中 500℃下贝氏体中纳米渗碳体析出的动力学行为，如图2-19 所示。在 500℃时，基体中 C 的过饱和度较大，形核驱动力较大，且渗碳体形核由 C 原子扩散控制，因此渗碳体形核率会非常大且形核时间较短，如图 2-19a 所示，渗碳体形核时间不足 0.2s，形核率达到 22 个数量级。大约在 0.1s 时渗碳体粒子开始长大，持续到 10s 左右开始粗化，单位体积内的粒子数量开始下降，如图 2-19b 所示。在长大阶段，基体中 C 浓度会急剧下降，在粗化阶段，C 浓度维持在稳定值，如图 2-19c 所示。粒子平均半径随时间的变化如图 2-19d 所示，预测值与实验测定值比较吻合。

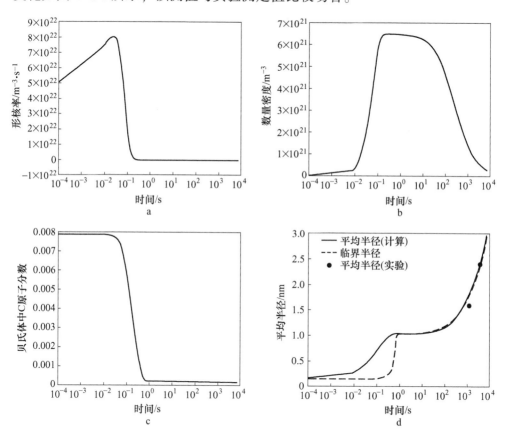

图 2-19　500℃下纳米渗碳体析出动力学行为

a—形核率；b—数量密度；c—基体中 C 浓度；d—平均半径及临界半径

2.4　小结

（1）建立了适用于理想型析出与缺位型析出热力学计算的普适模型。计算了两种第二相的析出热力学，并对比了差异。相比于理想型析出相，缺位型第二相溶解度较大，其相应的析出量较少，体积分数较小。

（2）初始析出相接近纯 TiN，随温度降低，析出相中 Nb 和 C 的原子比例逐渐增加。

（3）各组元对全固溶温度的影响程度依次为 N > Ti > Nb > V > C。

（4）建立了计算复合析出相析出-时间-温度（PTT）曲线的模型，并探讨了合金组元含量对铁素体中复合相 PTT 曲线的影响。

（5）建立了计算复合析出动力学行为的模型，预测了合金碳化物和渗碳体析出动力学行为。

3 微合金碳化物及铁碳化物析出行为及强韧化机理研究

3.1 引言

在高强钢的生产中，微合金元素必须与 NG-TMCP 工艺相结合，才能最大程度发挥其强化作用。NG-TMCP 以超快冷为核心，其控制要点是依照材料组织和性能的需要控制奥氏体向铁素体转变的动态终止温度。本章通过设计不同的超快冷终冷温度，研究其对组织性能和析出行为的影响规律。在此基础上，利用析出物无损电解技术、SAXS 和 SANS 对析出物进行定性定量表征。结合析出相的特征及不同的析出强化机制，对纳米析出强化进行定量研究。基于析出强化的定量计算，对各种强化机制的交互作用进行分析，阐明不同强化机制所占配额。

3.2 超快冷条件下 Ti 微合金钢中纳米碳化物析出行为及强韧化机理

3.2.1 超快冷工艺的影响

3.2.1.1 实验材料及表征手段

实验钢化学成分见表 3-1。实验钢成分设计是在传统 Q345 的基础上添加 0.08% 的 Ti，并通过结合 TMCP 工艺使实验钢达到 Q550 级别。实验钢采用真空熔炼炉炼制并浇铸为铸锭，切除缩孔后锻造为方坯，后续重新加热至 1250℃ 保温 2h，进行充分奥氏体化，然后在东北大学轧制技术及连轧自动化国家重点实验室 ϕ450mm 二辊可逆热轧实验轧机上进行热轧实验。

TMCP 工艺图如图 3-1 所示，可以看出实验钢在奥氏体化后经历了 7 道次轧制，终轧温度约 880℃，后超快速冷却至 620℃、580℃ 和 540℃，在石棉中保温 20min 后空冷至室温。具体的 TMCP 工艺参数见表 3-2。

表 3-1　实验钢的化学成分（质量分数,%）

C	Mn	Si	Al	Ti	P	S	N	O
0.15	0.98	0.28	0.02	0.08	0.015	0.005	27×10^{-6}	48×10^{-6}

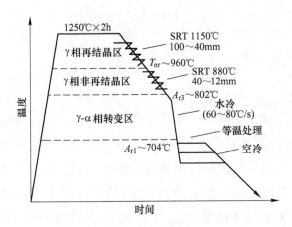

图 3-1　NG-TMCP 工艺

表 3-2　NG-TMCP 工艺参数

FCT/℃	PT/mm	RT		NRT		CR/℃·s^{-1}	冷却方式
		开始/℃	结束/℃	开始/℃	结束/℃		
620	12	1150	1120	882	874	72	20min, AC
580	12	1150	1096	889	864	64	20min, AC
540	12	1150	1116	880	874	64	20min, AC

注：FCT—finish cooling temperature；PT—plate thickness。

A　金相、EBSD 及 TEM 分析

沿轧制方向切取金相试样，经过机械研磨和抛光后采用 4%（体积分数）的硝酸酒精溶液腐蚀约 15s，通过 LEICA DMIRM 金相显微镜进行组织观察。对观察完的金相试样进行电解抛光后利用 Quanta 600 扫描电镜（SEM）进行背散射电子衍射（EBSD）分析，其中电解液为 650mL 乙醇+100mL 高氯酸+50mL 蒸馏水，电解抛光电压为 35V，电流约 30mA。利用线切割在板厚 1/2 处切取 0.5mm 的薄片透射试样，经机械减薄至 50μm 厚，冲成 φ3mm 的圆片，然后采用 10% 的高氯酸酒精溶液进行电解双喷，其中双喷电压为 35V，电流

约 60mA，双喷温度为 −25℃。采用 TecnaiG^{2}F20 型高分辨透射电子显微镜（HRTEM）对显微组织进行观察。

B 中子小角散射（SANS）

中子小角散射（SANS）是通过分析中子在波长范围 0.2~2nm，散射角度在 2°内的散射强度来对纳米结构物质进行表征的技术。中子与 X 射线等电磁辐射的最主要区别在于与样品的反应机理不同，X 射线由于带电，在入射的时候会与核外电子发生作用，而中子由于其本身不带电，因此主要受到原子核的散射。中子和样品反应的强度很弱，而且很难被大多数物质吸收，具有强穿透性，对于块状样品中的小颗粒分析非常有利。因此，SANS 可以对块体中析出相粒状尺寸分布及体积分数进行准确测定，以弥补无损电解法中小析出粒子在过滤中流失的问题。但是由于中子源耗费较大，且辐射强度较弱，因此通常会与 X 射线结合使用。

小角中子散射标准装置图如图 3-2 所示，包括速度选择器、准直器、真空探测腔及探测器。其中单色器主要对电子束进行单色化得到所需的波长，本章采用机械速度选择器单色化的中子束，经速度选择器选择后的中子波长为 0.53nm，波长分别率 $\Delta\lambda/\lambda = 10\%$。单色中子束经准直系统后入射至样品，其中一部分中子被吸收，另一部分被散射，在距离样品一定距离有二维位敏探测器。

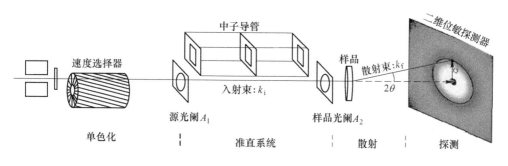

图 3-2 小角中子散射标准装置

SANS 实验中样品的直径是由光栅尺寸决定的，我们常用的为 ϕ10mm 的光栅，因此样品尺寸为 ϕ12mm 的圆片。样品厚度的选择很大程度上影响散射强度，在保证透过率 $T \geqslant 90\%$ 的条件下，样品厚度为 1.0mm 可以获得最大透过率。利用线切割沿厚度方向切取 φ12mm×1.0mm 的圆片，经砂纸研磨使得样品厚度均匀、表面平整光滑，以减少由于样品表面微起伏引起的多余小角散射信号。

C 力学性能分析

拉伸实验在 CMT5105-SANS 拉伸试验机上进行，应变速率为 1mm/min，测定其屈服强度、拉伸强度及断后伸长率。拉伸试样沿轧制取样，采用直径为 5mm 的圆形试样，标距长度为 25mm，平行长度为 35mm。利用 9250HV 冲击试验机在-20℃和-40℃测量实验钢的低温 V 形缺口夏氏冲击功，测试前冲击试样于不同温度的液体冷却介质中等温约 20min。沿轧制方向切取尺寸为 10mm×10mm×55mm 的冲击试样，于钢板厚度截面制缺口。拉伸平行试样和冲击平行试样均为 3 个。

3.2.1.2 超快冷工艺对显微组织的影响

Ti 微合金钢经不同控轧控冷工艺处理后的显微组织如图 3-3 所示。可以看出，轧后以 72℃/s 冷却速度冷至 620℃，实验钢显微组织主要包含多边形铁素体，如图 3-3a 和 b 所示。从 TEM 像中可以看出，多边形铁素体包含大量位错密度，这些高密度位错是在热轧过程中产生，且通过超快冷工艺被保留下来。图 3-3c 所示为实验钢轧后超快冷至 580℃的金相显微组织，可以看出组织主要包含粒状贝氏体及少量黑色珠光体。图 3-3d 所示为粒状贝氏体的典型形貌及马奥岛的选区电子衍射，可以看出马氏体与奥氏体符合 Kurdjumov-Sachs（K-S）取向关系，即 $[11\bar{1}]_\alpha$ // $[10\bar{1}]_\gamma$ 和 $(101)_\alpha$ // $(111)_\gamma$。图 3-3e 所示为实验钢轧后超快冷至 540℃的金相组织，可以看出组织中包含大量的板条贝氏体及少量的仿晶界铁素体。过冷奥氏体在冷却过程中会首先在原子排列紊乱高能量的晶界处形成晶界铁素体，轧制过程中的形变及形变诱导铁素体也会在一定程度促进晶界铁素体的形成。图 3-3f 所示为板条贝氏体的典型 TEM 形貌像，可知条状碳化物存在于板条之间。

图 3-4 所示为 Ti 微合金钢超快冷至 620℃和 580℃的 EBSD 晶粒取向图，可以看出超快冷至 620℃时，晶粒具有明显的<101>择优取向，这种择优取向

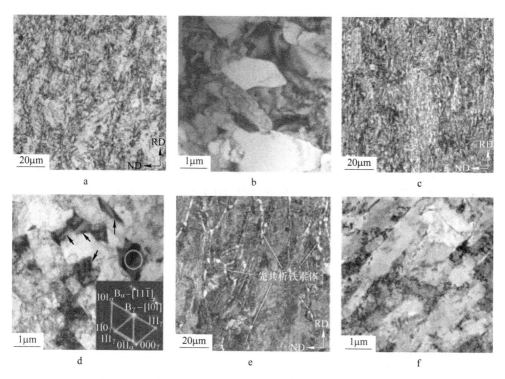

图 3-3　实验钢经超快冷至不同温度的金相组织及 TEM 形貌像

在超快冷至 580℃ 实验钢中是不具有的。利用等效晶界（取向差>15°）进行有效晶粒尺寸测量，可以得到超快冷至 620℃ 和 580℃ 有效晶粒尺寸分别为 7.5μm 和 6.9μm。

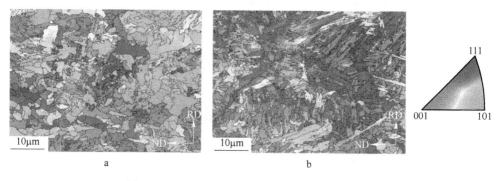

图 3-4　实验钢超快冷至 620℃ 和 580℃ 晶粒取向

3.2.1.3　超快冷工艺对析出行为的影响

图 3-5 所示为 Ti 微合金钢在不同冷却阶段析出物形成示意图。可以看出，

在凝固过程中及再加热过程中，TiN 和 $Ti_4S_2C_2$ 会形成并再溶，其 SEM 形貌像及典型 EDS 能谱如图 3-6a 和 b 所示。TiN 会形成于凝固过程中及过饱和的奥氏体中。尺寸较大的 TiN 在凝固过程中形成，形成温度约为 1540℃。在 1400～1200℃，TiN 和 $Ti_4C_2S_2$ 在过饱和奥氏体中形成，TiN 与 $Ti_4C_2S_2$ 均具有较高的固溶温度，可以起到钉扎晶界的作用，抑制晶粒粗化。后续在奥氏体化阶段，会发生部分 TiN 与 $Ti_4C_2S_2$ 的粗化与溶解。在奥氏体变形过程中，析出物会在位错或者晶界处形成，称为形变诱导析出，在后续的超快冷阶段，其粗化会被抑制，有利于析出物在铁素体中的生成。在后续的等温及空冷过程中，会在过饱和铁素体或者奥氏体向铁素体转变过程中发生 TiC 与 M_3C 的形核与粗化，如图 3-6c 和 d 所示。本章的研究重点为等温阶段及后续的空冷阶段析出物。

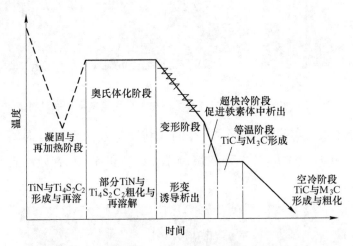

图 3-5 Ti 微合金钢在不同阶段析出物形成示意图

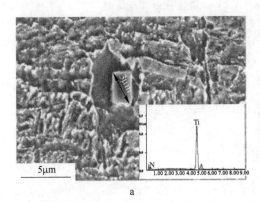

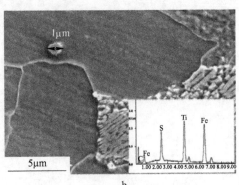

a   b

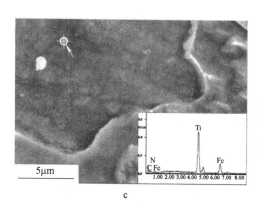
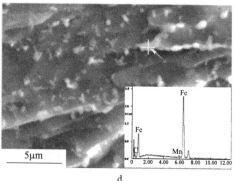

c　　　　　　　　　　　　　　　　　　　d

图 3-6　Ti 微合金钢在不同阶段析出物的 SEM 形貌像及 EDS 谱

图 3-7 所示为 Ti 微合金钢超快冷至 620℃时的多边形铁素体中纳米碳化物形貌像。从图 3-7a 可以看出，多边形铁素体中同时包含两种不同尺寸的纳米级析出物，因此采用选区电子衍射技术对大尺寸析出物结构进行确定。图 3-7b 为图 3-7a 中圆圈所示区域的 SADP 谱，其沿大尺寸析出物 [301] 晶带轴入射所得，可以看出析出物具有正交结构，且可以计算出大尺寸析出物的晶格常数分别为 0.449nm 和 0.506nm，因此可以确认析出物为渗碳体。图 3-7c 为图 3-7a 中方框所示析出物的 HRTEM 形貌像，可以看出析出物具有明显的摩尔条纹。图 3-7d 为虚线方框所示区域的快速傅里叶变换衍射（FFT）谱，可以看出 FFT 谱为面心立方 [110] 带轴，计算出析出物的晶格常数为 0.432nm，与 TiC 相匹配。

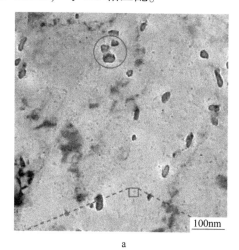
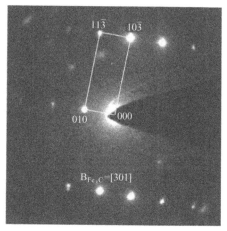

a　　　　　　　　　　　　　　　　　　　b

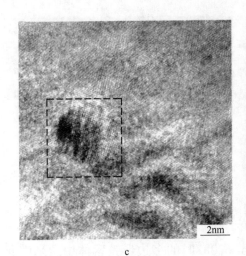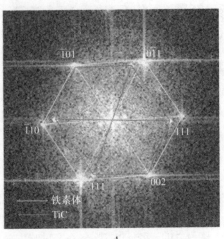

c   d

图 3-7   实验钢超快冷至 620℃析出物 TEM 形貌像

图 3-8 所示为 Ti 微合金钢超快速冷却至 580℃时的多边形铁素体中析出物形貌像。图 3-8a 中析出物呈现弥散分布，且尺寸在 2~10nm。图 3-8b 为析出物的典型 HRTEM 像，可以看出清晰的 Moiré 条纹，通过 Moiré 条纹可以对析出物的尺寸进行精确测量。经过测量可知，平行于 Moiré 条纹方向的尺寸为 5.49nm，沿垂直于 Moiré 条纹方向的尺寸为 5.26nm。通过对析出物的 FFT 衍射谱进行分析，可以得出析出物的晶格常数进而确定其为 TiC，如图 3-8c 所示。

在此工艺下除了观察到 TiC，还观察到另外一种尺寸较大的析出物，如图 3-8d 和 e 中明暗场像所示。图 3-8f 为电子束沿图 3-8d 中 [001] MC 晶带轴入射所得的 SAED 谱，经标定分析可知析出物的晶格常数为 4.525nm 和 5.089nm，且其晶格结构为正交结构，因此可确定该析出相为渗碳体。图 3-8e 是圈中 SAED 谱中 (210) Fe_3C 衍射斑所得的中心暗场像，其中析出物具有相同取向关系。图 3-8g 和 h 分别为两种析出物的 EDS 谱，可以确定 TiC 与 Fe_3C 共存。

图 3-9 所示为 Ti 微合金钢超快冷至 540℃时的显微组织及析出形貌。图 3-9a 为其 TEM 形貌像和析出物的 SAED 谱，可以看出显微组织主要包含板条贝氏体，且在板条贝氏体间存在大量长条状析出相（箭头所指区域），通过对其进行 SAED 谱分析可知，此析出相为渗碳体。经测量，渗碳体的平均长

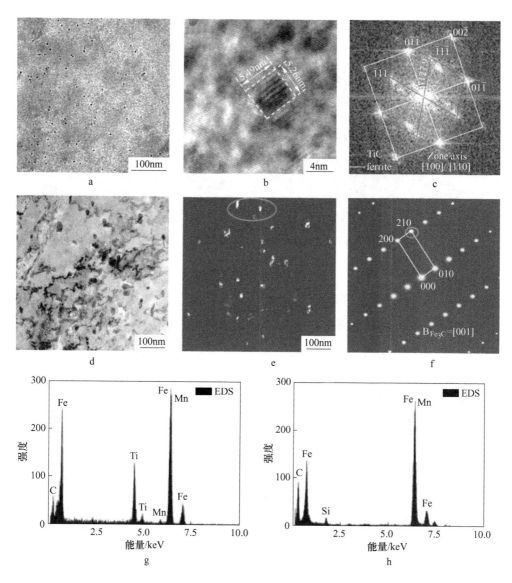

图 3-8 Ti 微合金钢超快冷至 580℃析出物 TEM 形貌像

a—PF 中 TiC 的形态；b—TiC 颗粒的 HRTEM 图像；c—相应的 FFT 衍射图；d—BF 图像；e—DF 图像；

f—相应的 SAED 图；g—小尺寸析出物 EDX 谱；h—大尺寸析出物 EDX 谱

度约为 400nm，宽度约为 50nm。图 3-9b 为板条贝氏体中的纳米析出物形貌像及其 SAED 谱，其中电子束沿 [011]$_{MC}$ 晶带轴入射，其晶格常数为 0.432nm，可以确定析出物为 TiC。

图 3-10 所示为典型的纳米微合金碳化物及渗碳体的 HRTEM 晶格像，可

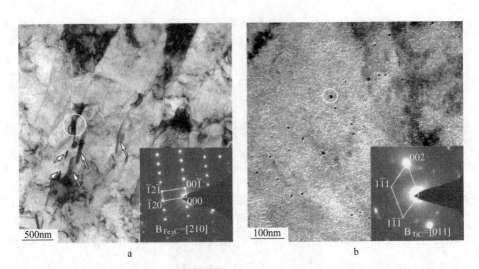

图 3-9　实验钢超快冷至 540℃ TEM 形貌像

a—贝氏体板条边界上的渗碳体及 SAED 谱；b—贝氏体板条中的 TiC 析出物及 SAED 谱

以利用 Moiré 条纹进行微合金碳化物的尺寸测量。经过测量可知，图 3-10a 中析出物平行于 Moiré 条纹方向的尺寸为 4.41nm，沿垂直于 Moiré 条纹方向的尺寸为 4.32nm，沿此方向观察到的析出物的纵横比接近于 1。微合金碳化物的平均尺寸为多次测量平均值。图 3-10b 为纳米渗碳体的 HRTEM 二维晶格像，晶格常数测量结果与 SAED 谱分析结果匹配。

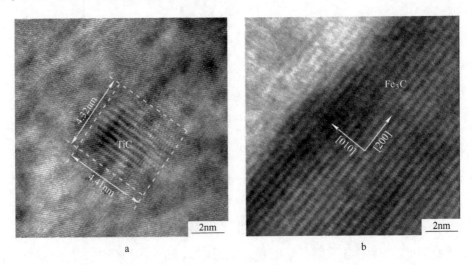

图 3-10　Ti 微合金钢中析出相的典型 HRTEM 形貌像

a—TiC；b—Fe₃C

图 3-11 所示为 Ti 微合金钢超快冷至 620℃和 580℃的尺寸分布，每个试样测量 100 个析出粒子尺寸。可以看出，超快冷至 620℃，TiC 与 Fe_3C 的平均尺寸分别为 5.4nm 和 32.8nm；当超快冷至 580℃，TiC 与 Fe_3C 的平均尺寸分别为 3.8nm 和 22.4nm。

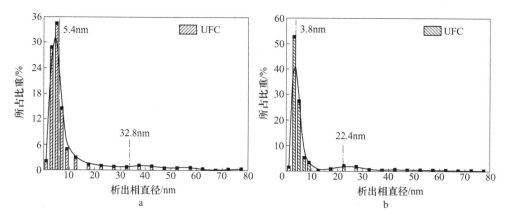

图 3-11　Ti 微合金钢超快冷至不同温度析出粒子尺寸分布

a—620℃；b—580℃

3.2.1.4　超快冷工艺对力学性能的影响

表 3-3 为实验钢轧后超快冷至不同温度下的力学性能，包含屈服强度、抗拉强度、总伸长率及-20℃和-40℃夏氏冲击功。可以看出，当超快冷至 580℃时，可以获得最佳的强韧性。其中屈服强度为 650MPa，抗拉强度为 750MPa，伸长率为 17.4%，-20℃冲击功为 93.4J。实验钢仅在 Q345 级别基础上添加 0.08%的 Ti，结合 NG-TMCP 可以将强度提高约 300MPa。

表 3-3　超快冷至不同温度下实验钢的力学性能及其标准偏差

钢号	屈服强度/MPa	抗拉强度/MPa	伸长率/%	冲击韧性 V_{notch}/J	
				-20℃	-40℃
1	615（2.8）	735（5.7）	22.6（1.3）	62.4（7.2）	43.5（3.6）
2	650（4.3）	750（2.8）	17.4（1.1）	93.4（8.6）	65.7（6.7）
3	590（2.1）	730（6.1）	10.9（0.9）	26.3（3.8）	18.4（2.4）

实验钢超快冷至 540℃时，屈服强度为 590MPa，-20℃夏氏冲击功为

26.3J。相比于超快速冷却至580℃，力学性能的差异主要取决于其粒状贝氏体界面上的大尺寸渗碳体。根据Griffth裂纹扩展原理可知，大尺寸硬相通过减小裂纹扩展功从而有助于裂纹的扩展。另外，大尺寸渗碳体形成于板条贝氏体界面，降低了纳米渗碳体强化的潜力，因此在后续的研究中，主要针对超快速冷却至620℃和580℃进行研究。

图3-12所示为实验钢在-40℃冲击断口的SEM形貌像。图3-12a为超快速冷却至620℃实验钢的断口形貌，其中区域1为放射区，其放大如图3-12a所示，可以看出放射区主要为解理面并包含明显的裂纹，如实线箭头所指。图3-12c为超快速冷却至580℃实验钢的断口形貌，区域1为放射区，区域2为剪切唇，其放大如图3-12d和e所示。可以看出放射区主要为包含部分小韧窝的准解理面（虚线箭头所指）及部分小裂纹（实线箭头所指），剪切唇主要由小且深的韧窝组成，在部分韧窝中可以观察到有小的析出物粒子（实线圆圈）。相比于实验钢超快速冷却至580℃，620℃几乎观察不到剪切唇。因此可以得出超快速冷却至620℃低温冲击韧性较580℃差。

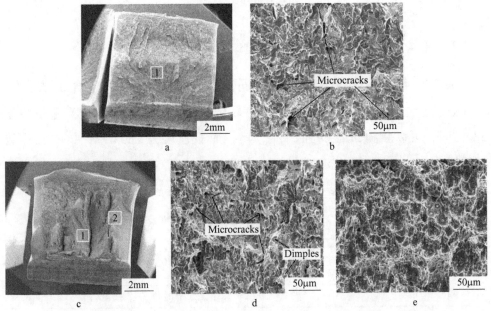

图3-12 实验钢超快冷至不同温度低温冲击韧性断口形貌分析

a—超快速冷却至620℃实验钢的断口形貌；b—图a中1区（自由基区域）的断口形貌；

c—超快速冷却至580℃实验钢的断口形貌；d—图c中1区（自由基区域）的断口形貌；

e—图c中2区（剪切唇区域）的断口形貌

为了对其原因进行分析，对其组织中大小角晶界进行测定。图 3-13 所示为超快冷至 620℃和 580℃实验钢的 EBSD 衍射质量图及其大小角晶界分布。图中灰线表示晶粒取向差 2°～15°，黑线表示晶粒取向差 ≥15°，大角度晶界可以有效阻止裂纹的扩展。可以看出超快速冷却至 580℃实验钢具有较高比例的大角度晶界，如图 3-13c 和 d 所示，这些大角度晶界可以很大程度阻碍裂纹扩展获得好的低温韧性。

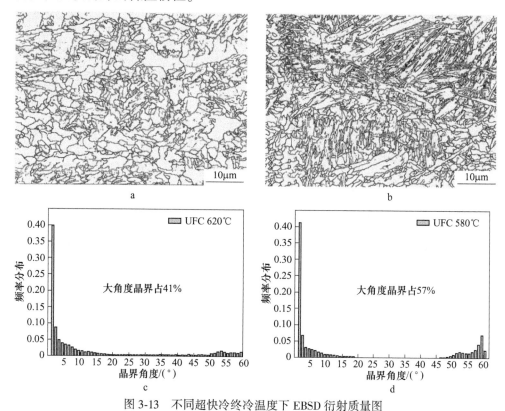

图 3-13　不同超快冷终冷温度下 EBSD 衍射质量图

a，b—超快冷至 620℃和 580℃ EBSD 衍射质量图；c，d—超快冷至 620℃和 580℃大小角晶界分布

3.2.1.5　综合强化机理研究

对超快冷至不同温度的实验钢进行无损电解、相分析及 SAXS 实验。表 3-4 为电解后的析出物经 X 射线衍射获得的晶格常数。从 XRD 结构可以看出析出相包含 $M_3(C，N)$、$Ti_4C_2S_2$、TiC 和 Ti(C，N)。M_3C 和 MC 的质量分数见表 3-5，可以看出其超快冷至不同温度下质量分数接近。表 3-6 为 M_3C 和

MC 在 36nm 以内不同尺寸范围内的体积分数。可以看出超快冷至 580℃实验钢中小尺寸析出物体积分数较多，导致最终析出强化增量的差异。

表 3-4　X 射线衍射所得析出物的晶格常数

相结构	晶格常数/nm	晶体结构
$M_3(C, N)$	$a_0 = 0.4523 \sim 0.4530$, $b_0 = 0.5080 \sim 0.5088$, $c_0 = 0.6743 \sim 0.6772$	正交晶系
$Ti_4C_2S_2$	$a_0 = 0.3210 \sim 0.3240$, $c_0 = 1.1203 \sim 1.1308$, $c/a = 3.49$	六方晶系
TiC	$a_0 = 0.431 \sim 0.433$	面心立方晶系
$Ti(C, N)$	$a_0 = 0.425 \sim 0.427$	面心立方晶系

表 3-5　Ti 微合金钢超快冷至不同温度下析出物的质量分数及化学组成

No.	MC 相		M_3C 相	
	质量分数/%	分子式	质量分数/%	分子式
1	0.0313	$Ti(C_{0.609}N_{0.391})$	1.4113	$(Fe_{0.9856}Mn_{0.0144})_3C$
2	0.0338	$Ti(C_{0.672}N_{0.328})$	1.5553	$(Fe_{0.984}Mn_{0.016})_3C$

NG-TMCP 的主要设计目标是针对析出强化，因此对析出强化增量进行计算显得至关重要。析出物与位错的交互机制主要分为两种——切过机制及绕过机制，两种强化增量如式（3-1）和式（3-2）所示[19]。

$$\sigma_{bypass} = 10.8 \frac{\sqrt{f}}{d} \ln(1630d) \tag{3-1}$$

$$\sigma_{shearing} = \overline{M}\tau_p = \frac{2 \times 1.1}{\sqrt{2AG}} \frac{\gamma^{3/2}}{b^2} d^{1/2} f^{1/2} \tag{3-2}$$

式中　τ_p——位错切过析出物的切变应力，MPa；

b——位错的伯氏矢量，0.248nm；

G——剪切模量，80650MPa；

γ——析出物与铁素体基体的界面能，$\sim 0.5 \sim 1J/m^2$；

d——析出物尺寸，μm；

f——析出物的体积分数；

A——位错线张力函数；

$\overline{M}$——平均斯密达取向因子。

从式（3-1）、式（3-2）可以看出，切过机制中强化增量随析出物尺寸增加而增加，绕过机制中强化增量随析出物尺寸增加而减小。因此计算出临界尺寸至关重要，如式（3-3）所示[19]：

$$d_c = 0.209 \frac{Gb^2}{K\gamma} \ln\left(\frac{d_c}{2b}\right) \quad (3-3)$$

临界半径很大程度上依赖于析出物与基体的界面能，经计算可知，TiC 与 Fe_3C 的临界半径分别为 $1.5\sim6nm$ 和 $4.7\sim10nm$。本章所有尺寸的 TiC 及尺寸大于 10nm 的 Fe_3C 均采用绕过机制进行计算，对于尺寸小于 10nm 的 Fe_3C 采用切过机制进行计算。不同析出尺寸范围内的析出强化增量见表 3-6。

表 3-6 不同尺寸区间 Fe_3C 与 TiC 对析出强化增量和屈服强度的贡献

编号	直径范围 /nm	TiC		Fe_3C		总增量 /MPa
		体积分数 Pct	屈服强度增量/MPa	体积分数 Pct	屈服强度增量/MPa	
1	1~5	0.0153	60.5	0.0364	78.6	279.4
	5~10	0.0038	16.5	0	0.0	
	10~18	0.0020	7.6	0.0873	50.1	
	18~36	0.0025	5.2	0.3550	61.0	
	Σ	0.0236	89.7	0.4786	189.7	
2	1~5	0.0060	38.0	0.1172	153.9	306.9
	5~10	0.0026	13.6	0.0035	34.2	
	10~18	0.0011	5.6	0.0019	7.4	
	18~36	0.0032	5.9	0.2226	48.3	
	Σ	0.0130	63.1	0.3452	243.8	

对低碳钢而言，屈服强度为固溶强化、细晶强化及位错强化的总和，如式（3-4）所示[19]。

$$\sigma_y = \sigma_{SG} + \sigma_{SS} + \sigma_{SP}$$
$$= 600D^{-1/2} + \{46[C] + 37[Mn] + 83[Si] + 59[Al] + 2918[N] + 80.5[Ti]\} + \sigma_{SP} \quad (3-4)$$

式中，σ_y，σ_{SG}，σ_{SS}，σ_{SP} 分别为屈服强度、细晶强化贡献、固溶强化贡献及析出强化贡献，MPa。

表 3-7 为实验钢屈服强度及不同强化机制对屈服强度的贡献值，结果显示超快冷至 620℃ 和 580℃ 屈服强度计算值分别为 576.0MPa 和 613.8MPa，相

比于实际测量值略低。对其原因进行分析认为，计算值小于实际测量值的原因可能由于在电解过滤过程中存在小尺寸析出物损失的情况。为了使得计算更加精确，采用 SANS 进行析出物体积分数测量，由于 SANS 检测样品为块体，因此避免了小析出粒子的流失。图 3-14 所示为实验钢超快冷至 620℃ 和 580℃ 的磁散射曲线，磁散射强度可由公式（3-5）计算[7]：

$$I_{\text{magnetic}} = I(\alpha = 90°) - I(\alpha = 0°) \tag{3-5}$$

从图 3-14 可以看出，在两种实验钢中均存在 3 个不同斜率。其中小 q 值范围内，斜率为 -4，中 q 及大 q 值其斜率为 -2.7 和 -1.8。可知，析出物具有两种尺寸分布，在不同阶段分别采用指数拟合及 Guinier 拟合[7]：

$$I(q) = G_s \exp\left(-\frac{q^2 R_s^2}{3}\right) + G \exp\left(-\frac{q^2 R_g^2}{3}\right) + A q^{-4} \tag{3-6}$$

式中　R_s，R_g——分别为大小尺寸析出物的 Guinier 半径；

　　　G_s，G——分别为测量因子。

表 3-7　实验钢超快冷至不同温度下各种强化增量

No.	$D/\mu m$	强化增量/MPa						实际测量 σ_y/MPa
		σ_{GS}	σ_{SS}	σ_{SP}	σ_y	$*\sigma_{SP}$	$*\sigma_y$	
1	7.5	218.9	77.7	279.4	576.0	314.4	611.0	615
2	6.9	228.3	78.6	306.9	613.8	351.6	658.5	650

注：$*\sigma_{SP}$ 和 σ_y 为修正后的析出强化增量和屈服强度。

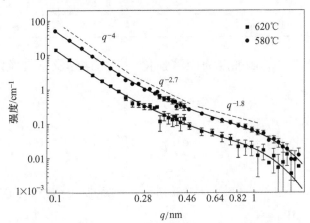

图 3-14　Ti 微合金钢超快冷至 620℃ 和 580℃ 经 SANS 检测所得散射曲线

经 SANS 磁散射拟合后的小尺寸（1~5nm）析出物及体积分数见表 3-8。

超快冷至 620℃ 实验钢的平均半径为 2.4nm，体积分数为 0.055%；超快冷至 580℃ 实验钢的平均半径为 1.8nm，体积分数为 0.130%。通过计算可知，尺寸在 1~5nm 的析出物强化增量分别为 174.1MPa 和 198.6MPa。析出强化总量（$*\sigma_{sp}$）为 314.4MPa 和 351.6MPa，对屈服强度进行重新计算所得结果与实际测量值良好匹配。通过以上分析可知，轧后超快速冷却至 580℃，实验钢的析出强化增量可达约 350MPa。

表 3-8　超快冷至 620℃ 和 580℃ 实验钢经 SANS 所得小析出物尺寸及其体积分数

No.	SANS		
	R_s/nm	G_s	f
1	2.4（0.2）	0.09（0.02）	0.055%
2	1.8（0.1）	0.17（0.03）	0.130%

3.2.2　Ti 含量的影响

3.2.2.1　实验材料及方法

实验钢为在 Q235 钢基础上添加不同含量的微合金元素 Ti，其化学成分见表 3-9，用 150kg 真空感应炉进行冶炼并浇注钢锭，锻造后坯料尺寸为 100mm×100mm×120mm。热轧与冷却实验在东北大学轧制技术及连轧自动化国家重点实验室的 φ450 轧机上进行，加热温度为 1250℃，保温 2h 后，在轧机上经两阶段控制轧制，轧成厚度为 12mm 厚的样板，并在第四道次后待温。实验钢粗轧开轧温度为 1100℃，终轧温度为 1000℃，精轧开轧温度 930℃，终轧温度 850℃。终冷温度控制在 680℃。冷却结束进行空冷至室温。图 3-15 所示为热轧实验工艺图。

表 3-9　实验钢化学成分（质量分数，%）

No.	C	Si	Mn	S	P	Al	Ti	O	N
1 号	0.15	0.25	0.6	0.014	0.003	0.03		0.003	0.005
2 号	0.16	0.26	0.62	0.012	0.002	0.04	0.03	0.003	0.004
3 号	0.16	0.25	0.62	0.012	0.002	0.05	0.06	0.003	0.004
4 号	0.16	0.25	0.62	0.013	0.002	0.03	0.075	0.003	0.003

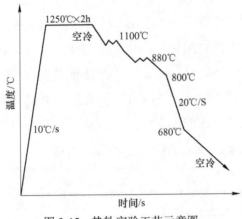

图 3-15 热轧实验工艺示意图

3.2.2.2 Ti 含量对显微组织及力学性能的影响

表 3-10 为不同 Ti 含量下实验钢的力学性能。在不同的 Ti 含量下，实验钢的力学性能存在差别。其抗拉强度在 670~440MPa 之间，屈服强度在 550~300MPa 之间，伸长率在 26.5%~36.5%之间，屈强比在 0.68~0.82 之间。

表 3-10 实验钢力学性能

Ti 含量/%	抗拉强度/MPa	屈服强度/MPa	伸长率/%	屈强比
0	440	300	36.5	0.68
0.03	555	415	33.5	0.74
0.06	610	480	28.5	0.78
0.075	670	550	26.5	0.82

图 3-16 所示为实验钢强度、冲击功和伸长率随 Ti 含量增加的变化曲线。可以看出，随着 Ti 含量的增加，实验钢屈服强度和抗拉强度显著提高，而实验钢的伸长率和冲击功显著降低，含 Ti 量超过 0.06%后，冲击功下降速度变缓。含 Ti0.075%实验钢的−40℃冲击功仅为 16J。添加 0.075%（质量分数）Ti 使实验钢获得了 250MPa 的屈服强度增量，韧脆转变温度提高了 16℃。

在终冷温度为 680℃、冷却速度为 20℃/s 的条件下，Ti 含量在 0~0.075%范围变化时实验钢的金相显微组织如图 3-17 和图 3-18 所示。可以看出，实验钢的显微组织均为多边形铁素体和块状珠光体，随着 Ti 含量的增

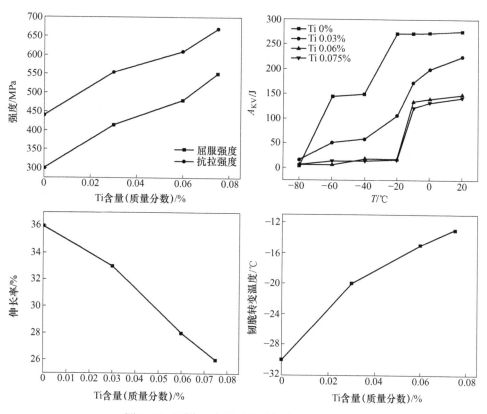

图 3-16 不同 Ti 含量对实验钢力学性能的影响

加，铁素体平均晶粒尺寸逐渐减小，Ti 含量增加到 0.075%，铁素体平均晶粒尺寸从 10μm 减小至 5μm。但是铁素体体积分数逐渐增大。表明 Ti 的加入使实验钢铁素体晶粒显著细化。随 Ti 含量的增加，珠光体团块平均尺寸减小，由块状珠光体组织逐渐转变为链条形状珠光体组织，且体积分数明显降低。

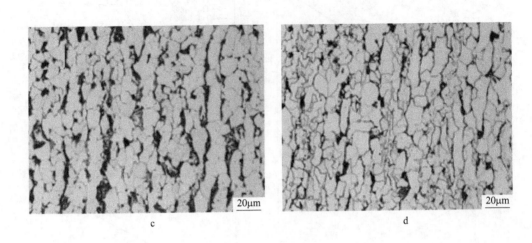

图 3-17 实验钢金相组织

a—无 Ti；b—0.03%Ti；c—0.06%Ti；d—0.075%Ti

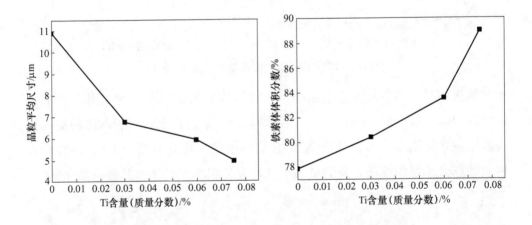

图 3-18 铁素体晶粒平均尺寸及体积分数变化规律

在终冷温度为 680℃、冷却速度为 20℃/s 条件下，Ti 含量在 0～0.075% 范围变化时实验钢的 SEM 组织如图 3-19 所示，TEM 组织如图 3-20 所示。可以看出，随着含 Ti 量的增加，铁素体晶粒内部和晶界析出的碳化物明显增多；析出物为 Ti 的碳化物，尺寸在 100nm 左右，其尺寸分布如图 3-21 和表 3-11 所示。

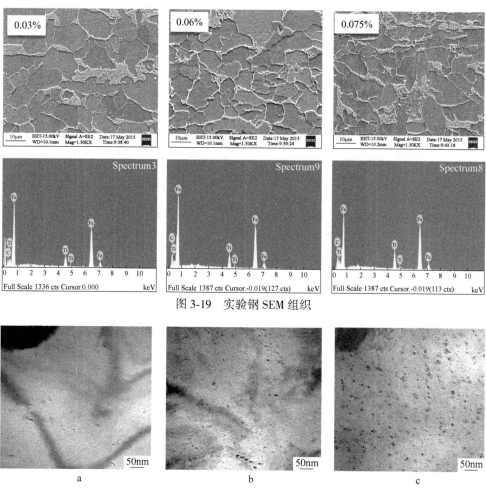

图 3-19 实验钢 SEM 组织

图 3-20 实验钢 TEM 分析

a—0.03%Ti；b—0.06%Ti；c—0.075%Ti

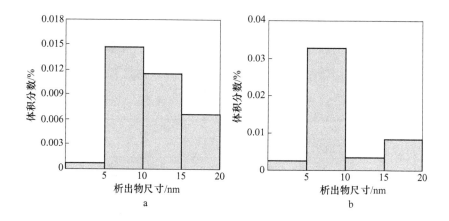

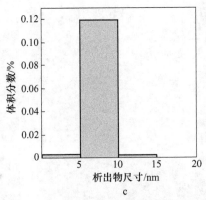

c

图 3-21　不同 Ti 含量钢中析出物数量

a—0.03%Ti；b—0.06%Ti；c—0.075%Ti

表 3-11　不同 Ti 钢中检测结果

Ti 含量/%	$f_{(0\sim5)}$	$f_{(5\sim10)}$	$f_{(10\sim15)}$	$f_{(15\sim25)}$	$f_{总}$	D	X	$\Delta\sigma_{Orowan}$
0.03	0.0007	0.0148	0.0115	0.0066	0.0336	5.4	4.4	70.4
0.06	0.0026	0.0328	0.0036	0.0083	0.0473	4.2	3.4	106.8
0.075	0.0029	0.1193	0.0021	0	0.1244	5.5	4.5	132.66

3.2.2.3　强化机制分析

表 3-12 为不同 Ti 含量下不同强化机制的贡献量，可以看出随 Ti 含量的增加，固溶强化、位错强化对屈服强度的贡献变化不大；超快冷工艺下，不同 Ti 含量实验钢的主要强化机制均为细晶强化和析出强化；添加 0.075%（质量分数）Ti 使实验钢获得了 250MPa 的屈服强度增量，其中由于析出强化产生的屈服强度增量为 133MPa，韧脆转变温度提高了 16℃。试验参数范围内，Ti 含量增加，细晶强化与析出强化均持续增加，强度叠加后，实验钢的屈服强度也逐渐升高。由于析出强化增幅更显著于细晶强化，导致韧性有所降低。

表 3-12　不同 Ti 含量下实验钢的屈服强度及其分量

Ti 含量	$\Delta\sigma_0$	$\Delta\sigma_{SS}$	$\Delta\sigma_{GE}$	$\Delta\sigma_{Dis}$	$\Delta\sigma_{Orowan}$	σ_y 计算	σ_y 实测
0	53.9	42.07	219.2	60	0	375.17	300
0.03	53.9	42.94	226.5	60	70.4	453.5	415
0.06	53.9	42.77	234.6	60	106.8	498.07	480
0.075	53.9	42.77	248.6	60	132.66	537.93	550

不同 Ti 含量下实验钢屈服强度及分量如图 3-22 所示。

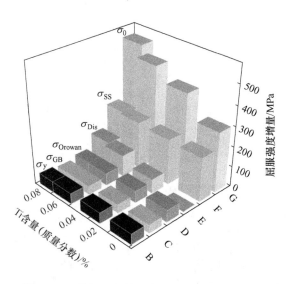

图 3-22　不同 Ti 含量下实验钢屈服强度及分量

3.2.2.4　Ti 微合金钢中的相间析出

选取 0.075%Ti，冷却速度 20℃/s 试样作为研究对象，使析出粒子所在晶体面的晶带轴平行于电子束方向，以观察试样的相间析出特征，如图 3-23a 所示。可以看出，该相间析出为弯曲型相间析出，其层间距相差近 10nm 左右，属于不规则层间距的弯曲型相间析出（即不规则 CIP）。这可能是移动的相界前方原有固溶质点钉扎相界，导致溶质拖拽，使得析出物有足够的时间形核，析出物又有效钉扎相界，使得 γ/α 相界面的迁移受到一定的阻碍。如此反复，即形成了弯曲且有秩序排列的析出。

在某些晶粒内部或同一晶粒局部区域可同时观察到相间析出和弥散析出，如图 3-23b 所示，Kestenbach 等也观察到了相间析出粒子仅占铁素体晶粒的部分区域，并指出这是一个真实的现象，其形成的原因可能是先形成的铁素体长大速度过快，抑制了相间析出的发生，导致铁素体过饱和而发生随机析出。

图 3-23d 表明，析出粒子具有 NaCl 型的 fcc 结构，判断为 TiC 析出相，且 $[011]_{ferrite}$ // $(\bar{1}11)_{carbide}$，$(\bar{2}00)_{ferrite}$ // $(00\bar{2})_{carbide}$，表明析出粒子与铁素体

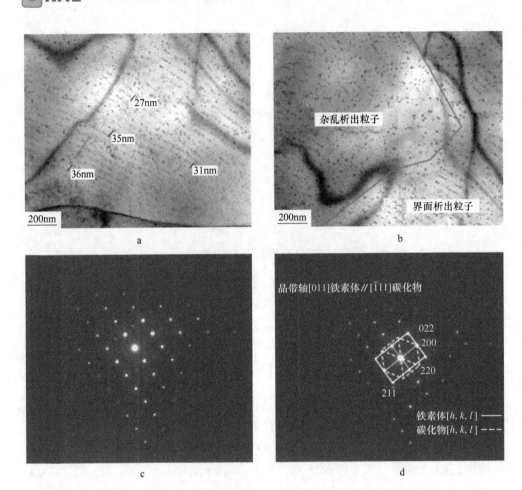

图 3-23　实验钢选区电子衍射花样及其标定

基体间满足 Nishiyama-Wassermann（N-W）取向关系，与 H. W. Yen 等观察到钛的碳化物与铁素体基体间的取向关系一致。计算得出 TiC 析出相的晶格常数约为 0.4215nm。通常，fcc 型析出相与 bcc 型基体之间有 3 种主要的取向关系，分别是 Baker-Nutting（B-N）OR，Nishiyama-Wassermann（N-W）OR 和 Kurdjumov-Sachs（K-S）OR 取向关系。B-N 取向关系为 $\{001\}_{fcc}//\{001\}_{bcc}$ 和 $<110>_{fcc}//<010>_{bcc}$。在给定的 $(001)_{fcc}$ 平面上，有两个 $<110>$ 晶向：$[110]$ 和 $[1\bar{1}0]$。因为这两个晶向互相垂直，绕 $(001)_{fcc}$ 晶面极点对称旋转 90°后，使 $[110]$ 和 $[1\bar{1}0]$ 晶体学等价晶向。B-N OR 和四种 N-W ORs 的转换如图 3-24 所示。

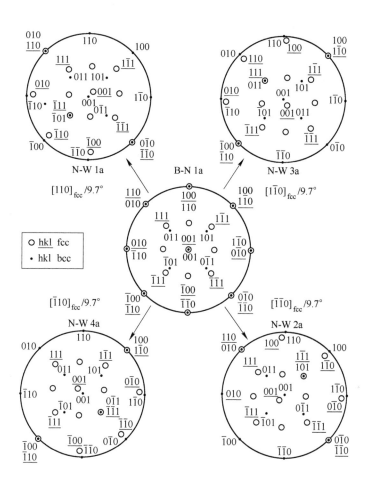

图 3-24　一种 B-N OR 通过旋转相同角度变换为 4 种 N-W ORs 示意图

表 3-13 为 N-W OR 与 B-N OR 转换对应表，每种 B-N OR 可以产生 4 种 N-W ORs，因此 3 种 B-N ORs 对应有 12 种 N-W ORs 变换。如果 TiC 析出相粒子在 γ→α 相变开始前的奥氏体中析出，所有的析出相与原始奥氏体之间应该呈相同的晶体学取向关系。γ→α 相变结束后，所有的析出相与铁素体之间也应该呈相同的取向关系。根据表 3-13 可得，图 3-24 第四种为 N-W 3a 取向关系类型，该取向类型通过 fcc 晶体绕 $[1\bar{1}0]$ 顺时针旋转 9.7° 使原 B-N OR 转变为 $(111)_{fcc}//(011)_{bcc}$，说明该试样中 TiC 析出相与铁素体基体之间均呈 N-W 3a 取向关系。

表 3-13　N-W OR 与 B-N OR 变换对应表

B-N 转变	旋转（右手）	晶面 fcc//bcc	晶向 fcc//bcc	N-W 转变
B-N 1a	$[110]_{fcc}/9.7°$	$(\bar{1}11)\;/\!/\;(\bar{1}01)$	$[110]\;/\!/\;[010]$	N-W 1a
	$[\bar{1}\bar{1}0]_{fcc}/9.7°$	$(1\bar{1}1)\;/\!/\;(101)$	$[110]\;/\!/\;[010]$	N-W 2a
	$[1\bar{1}0]_{fcc}/9.7°$	$(111)\;/\!/\;(011)$	$[1\bar{1}0]\;/\!/\;[100]$	N-W 3a
	$[\bar{1}10]_{fcc}/9.7°$	$(\bar{1}\bar{1}1)\;/\!/\;(0\bar{1}1)$	$[1\bar{1}0]\;/\!/\;[100]$	N-W 4a
B-N 1b	$[1\bar{1}0]_{fcc}/9.7°$	$(111)\;/\!/\;(\bar{1}01)$	$[1\bar{1}0]\;/\!/\;[010]$	N-W 1b
	$[\bar{1}10]_{fcc}/9.7°$	$(\bar{1}\bar{1}1)\;/\!/\;(101)$	$[1\bar{1}0]\;/\!/\;[010]$	N-W 2b
	$[110]_{fcc}/9.7°$	$(\bar{1}11)\;/\!/\;(0\bar{1}1)$	$[110]\;/\!/\;[\bar{1}00]$	N-W 3b
	$[\bar{1}\bar{1}0]_{fcc}/9.7°$	$(1\bar{1}1)\;/\!/\;(011)$	$[110]\;/\!/\;[\bar{1}00]$	N-W 4b
B-N 2a	$[011]_{fcc}/9.7°$	$(1\bar{1}1)\;/\!/\;(\bar{1}01)$	$[011]\;/\!/\;[010]$	N-W 5a
	$[01\bar{1}]_{fcc}/9.7°$	$(11\bar{1})\;/\!/\;(101)$	$[011]\;/\!/\;[010]$	N-W 6a
	$[01\bar{1}]_{fcc}/9.7°$	$(111)\;/\!/\;(011)$	$[01\bar{1}]\;/\!/\;[100]$	N-W 7a
	$[0\bar{1}1]_{fcc}/9.7°$	$(11\bar{1})\;/\!/\;(0\bar{1}1)$	$[01\bar{1}]\;/\!/\;[100]$	N-W 8a
B-N 2b	$[01\bar{1}]_{fcc}/9.7°$	$(111)\;/\!/\;(\bar{1}01)$	$[01\bar{1}]\;/\!/\;[010]$	N-W 5b
	$[0\bar{1}1]_{fcc}/9.7°$	$(1\bar{1}\bar{1})\;/\!/\;(101)$	$[01\bar{1}]\;/\!/\;[010]$	N-W 6b
	$[011]_{fcc}/9.7°$	$(1\bar{1}1)\;/\!/\;(0\bar{1}1)$	$[011]\;/\!/\;[\bar{1}00]$	N-W 7b
	$[0\bar{1}\bar{1}]_{fcc}/9.7°$	$(11\bar{1})\;/\!/\;(011)$	$[011]\;/\!/\;[\bar{1}00]$	N-W 8b
B-N 3a	$[101]_{fcc}/9.7°$	$(11\bar{1})\;/\!/\;(\bar{1}01)$	$[101]\;/\!/\;[010]$	N-W 9a
	$[\bar{1}0\bar{1}]_{fcc}/9.7°$	$(1\bar{1}\bar{1})\;/\!/\;(\bar{1}0\bar{1})$	$[101]\;/\!/\;[010]$	N-W 10a
	$[10\bar{1}]_{fcc}/9.7°$	$(1\bar{1}1)\;/\!/\;(01\bar{1})$	$[10\bar{1}]\;/\!/\;[\bar{1}00]$	N-W 11a
	$[\bar{1}01]_{fcc}/9.7°$	$(111)\;/\!/\;(011)$	$[10\bar{1}]\;/\!/\;[\bar{1}00]$	N-W 12a
B-N 3b	$[10\bar{1}]_{fcc}/9.7°$	$(\bar{1}11)\;/\!/\;(\bar{1}0\bar{1})$	$[10\bar{1}]\;/\!/\;[010]$	N-W 9b
	$[\bar{1}01]_{fcc}/9.7°$	$(111)\;/\!/\;(101)$	$[10\bar{1}]\;/\!/\;[010]$	N-W 10b
	$[101]_{fcc}/9.7°$	$(11\bar{1})\;/\!/\;(011)$	$[101]\;/\!/\;[100]$	N-W 11b
	$[\bar{1}0\bar{1}]_{fcc}/9.7°$	$(11\bar{1})\;/\!/\;(01\bar{1})$	$[101]\;/\!/\;[100]$	N-W 12b

注：N-W1a 与 N-W1b 等价，N-W 共有 12 种变体。

3.2.2.5　冲击韧性的影响因素分析

不同 Ti 含量的-40℃冲击断口形貌如图 3-25 所示，可以看出，1 号不含 Ti 试样在-40℃的冲击断口均为穿晶韧性断口，韧窝有一定的方向性，为撕裂状，形状规则而且分布均匀；随 Ti 含量的增高韧窝越来越少，当 Ti 含量为 0.075%时，断口呈脆性解理断裂，从高倍断口形貌可以看出，在断裂裂纹走向上有大的颗粒物；EDS 分析表明，颗粒物为 Ti 的碳氮化物，这些颗粒物易产生应力集中而导致钢的塑性和韧性下降。

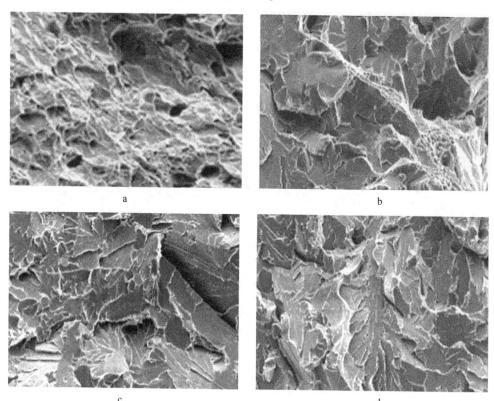

图 3-25　不同 Ti 含量-40℃冲击断口扫描形貌（SEM）

a—Ti 0%；b—Ti 0.03%；c—Ti 0.06%；d—Ti 0.075%

图 3-26 所示为实验钢在-40℃下冲击韧窝形貌及夹杂物成分能谱分析。可以看出，随着 Ti 含量的增加，实验钢韧窝中第二相析出物的体积分数、析出量均明显增加；能谱分析表明，第二相粒子为含 Ti 的碳氮化合物。这些在裂纹走向上析出的第二相离子，严重地影响了实验钢的塑性和韧性。因为在实验钢进行冲击时，容易在这些析出的大颗粒的粒子上产生应力集中，在受到冲击时，这些析出位置容易成为裂纹的发生源或者裂纹传播过程中的通道，对钢材的塑性和韧性造成了极大程度的破坏。

图 3-27 所示为含 Ti 量为 0.075% 的实验钢分别在-40℃、-60℃和-80℃下冲击得到的裂纹扩展路径的 SEM 照片。可以看出，裂纹出现之后，裂纹的传播方式大部分为穿晶裂纹，裂纹通过晶界传播的很少；大部分为穿过铁素

体传播，但是也有穿过珠光体的裂纹出现；在高倍数的扫描电镜下还可以发现，裂纹的传播一般都终止在了晶界处，在铁素体内停止传播的现象很少出现；并且裂纹每穿过一个铁素体，裂纹的传播方向会发生改变，说明铁素体对裂纹的传播也起到了阻碍的作用。

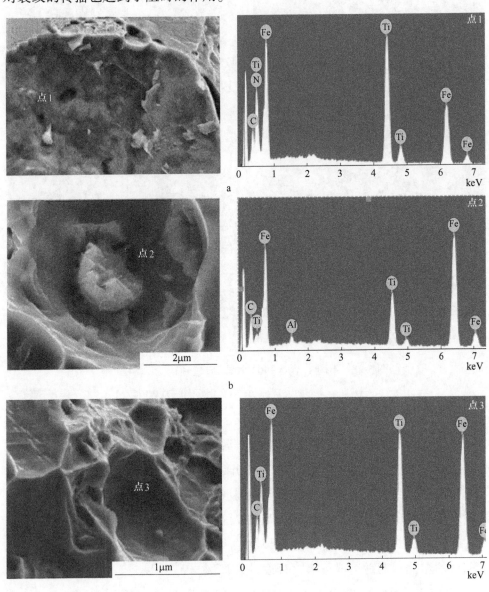

图 3-26 不同 Ti 含量-40℃冲击断口 SEM 形貌像

a—0.06%Ti；b—0.075%Ti；c—0.12%Ti

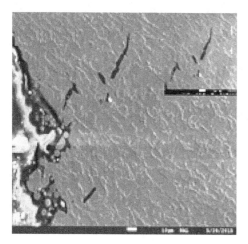
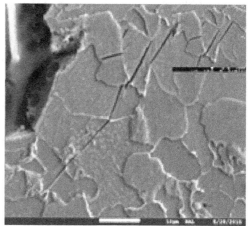

a   b

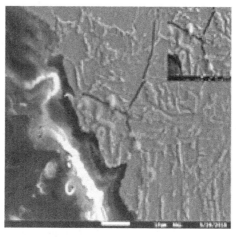

c

图 3-27　不同温度下 4 号钢裂纹 SEM 形貌像

a—40℃；b—60℃；c—80℃

在微观组织中，晶界两侧晶粒的取向不同和晶界本身原子的不规则排列，使得晶界比晶内的变形阻力增大，变形时需要消耗更多的能量。因此，晶粒越细小，晶界面积越大，裂纹尖端附近从产生一定尺寸的塑性区到裂纹扩展所消耗的能量也就越大，因而细晶强化的同时可以明显提高材料的断裂韧性。

由图中也可以发现第二相粒子的出现促使了裂纹的扩展。这是由于钢铁中的大多数的第二相如本章中的 TiN 等，其韧性均比基体差，不可能由它们来容纳塑性变形，由此限制了裂纹尖端塑性区的尺寸；并且由于通过解聚或断裂形成的微裂纹并通过微孔聚合长大机制促使裂纹扩展，因此第二相的析出将使材料的断裂韧度明显降低。

3.3 超快冷条件下 Nb-V 低碳微合金钢析出行为及复合析出机制

3.3.1 超快冷终冷温度对 Nb-V 微合金钢析出行为影响

实验钢的化学成分见表 3-14。实验钢采用 Nb 微合金化来实现细晶强化和沉淀强化，同时加入 V 来降低 Nb 的碳化物与铁素体基体的错配度，提高形核率，加入微量 Ti 提高奥氏体晶粒的粗化温度。实验钢采用真空熔炼炉炼制并浇铸为铸锭，切除缩孔后锻造为方坯，后续重新加热至 1200℃保温 2h 实验奥氏体化，在直径 450mm 二辊可逆热轧实验轧机上进行 7 道次轧制至 12mm，后续将钢板进行固溶处理去除轧制带状组织及未溶碳化物，然后淬火至室温。沿着轧制方向切取直径 ϕ8mm×15mm 的热模拟试样和 ϕ3mm×10mm 全自动相变仪试样。

表 3-14 实验钢的化学成分（质量分数,%）

C	Mn	Si	V	Nb	Ti	Al	N
0.09	1.05	0.25	0.03	0.025	0.011	0.02	0.0037

利用 MMS-300 热模拟试验机研究变形后超快冷至不同温度对实验钢组织演变及析出行为的影响，实验工艺如图 3-28 所示，将试样以 10℃/s 的加热速度加热到 1200℃，保温 3min 后以 10℃/s 的冷却速度冷却到 900℃，施加 60% 的变形后以 80℃/s 的冷却速率分别冷却到 540℃、580℃、620℃和 660℃，再以 0.1℃/s 的冷却速率缓慢冷却至室温，模拟超快冷后的缓冷工艺。通过热模拟试验机测定实验钢的动态连续冷却转变（continuous cooling transformation, CCT）曲线来预测不同工艺下实验钢的组织演变。动态 CCT 曲线测定工艺为，将试样以 10℃/s 的加热速率加热到 1200℃，保温 3min 后以 10℃/s 冷却速率冷却到 900℃，再施加 60% 的变形，以冷速 0.5℃/s、1℃/s、2℃/s、5℃/s、10℃/s、15℃/s、20℃/s、25℃/s、30℃/s 和 40℃/s 的冷却速率冷至室温，利用温度膨胀量曲线结合金相组织，绘制动态 CCT 曲线，结果如图 3-29 所示。

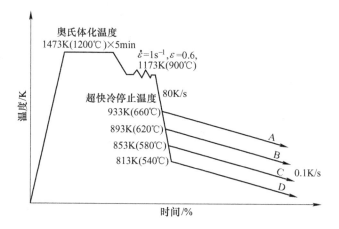

图 3-28　TMCP 工艺示意图

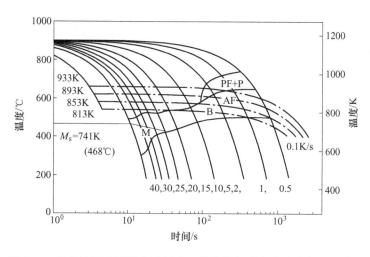

图 3-29　超快冷至不同温度后缓冷工艺曲线与动态连续冷却相变曲线

　　热模拟试样及热膨胀试样均于热电偶下方约 1mm 处将热模拟试样切开，经过机械研磨和抛光后采用 4%（体积分数）硝酸酒精溶液腐蚀约 15s，通过 LEICA DMIRM 光学显微镜（OM）观察其金相组织，并利用 HV-50 Vickers 显微硬度计对实验钢局部显微组织硬度进行测试，载荷为 25g，加载时间为 10s，每个试样检测 20 个点，取平均值。为了观察实验钢超快冷至不同温度的析出行为，从热处理后的热模拟试样上切出厚度约为 300μm 圆片，经 SiC 砂纸机械研磨至 50μm 以下，然后采用 Tenu-Pol-5 型电解双喷减薄仪进行减薄，电解液为 9%（体积分数）的高氯酸酒精溶液，双喷电压为 30～35V，温度为-20℃，采用 FEI TECNAI G^2 F20 场发射透射电子显微镜（TEM）对析出粒子的尺寸、数量、形貌及分布规律进行观察。

结合热模拟膨胀曲线与不同冷却速度下的金相组织，可以绘制出实验钢的动态 CCT 曲线，如图 3-29 所示。可以看出，相变区间被分为珠光体区、多边形铁素体区、针状铁素体区、贝氏体区和马氏体区。当冷速小于 5℃/s 时，相变温度区间为 565~725℃，组织为多边形铁素体与珠光体；当冷速在 5~25℃/s 时，相变温度区间为 470~620℃；当冷速大于 25℃/s 时，相变温度低于 468℃，主要为马氏体组织。将热模拟工艺图与动态 CCT 曲线结合，可以预测不同终冷温度缓冷至室温实验钢的显微组织，可以看出，终冷温度为660℃和620℃时，实验钢冷却曲线经过了多边形铁素体、珠光体及针状铁素体区域，当实验钢超快冷至580℃和540℃时，冷却曲线经过了贝氏体相区。

图 3-30 所示为实验钢超快冷至不同温度的金相显微组织。从图中可以看出，超快冷至660℃和620℃，显微组织主要为多边形铁素体，并伴随部分楔形针状铁素体及少量珠光体，如图 3-30a 和 b 所示。在相变过程中，多边形铁素体在原奥氏体晶界处首先生成，排 C 至周围的奥氏体中，富碳过冷奥氏体在缓冷过程中生成珠光体，残余奥氏体继续冷却至中温相变区时转变为针状铁素体。实验钢超快冷至580℃和540℃时，显微组织主要为贝氏体，如图 3-30c 和 d 所示。因此，利用 CCT 曲线结合工艺取向可以很好地预测实验钢经不同工艺路线处理后的显微组织。

为了对实验钢的显微组织进行精细表征，采用 SEM 和 TEM 对其进行观察。图 3-31a 所示为超快冷至660℃时实验钢的 SEM 形貌像。可以看出，组织中包含尺寸约 25~30μm 的多边形铁素体，约 6~10μm 珠光体及约 1~2μm 的针状铁素体，其中针状铁素体的尺寸为其板条宽度。多边形铁素体、珠光体和针状铁素体的体积分数比约为 76%、8% 和 16%。图 3-31b 所示为多边形铁素体与珠光体中的 TEM 形貌像。可以看出，多边形铁素体及珠光体铁素体中均含较高的位错密度，且珠光体中细小的渗碳体板条存在于铁素体板条间，板条间距约为 116nm。图 3-31c 和 d 所示为针状铁素体的 TEM 形貌像。可以看出针状铁素体为楔形，且含有更高密度位错相比于多边形铁素体及珠光体铁素体。对图 3-31c 进行局部放大，可以看到在细小的纳米碳化物存在于位错上，如图 3-31d 所示。

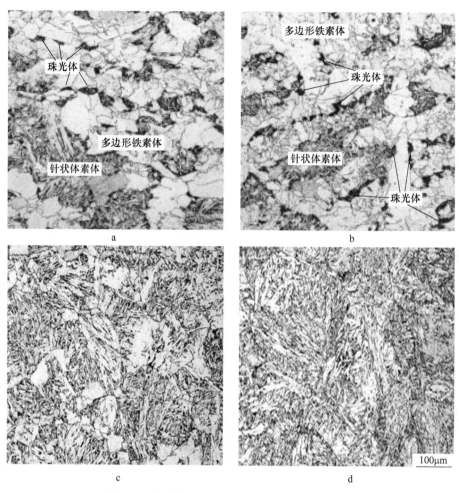

图 3-30　实验钢超快冷至不同温度时的金相组织

a—660℃；b—620℃；c—580℃；d—540℃

图 3-32 所示为实验钢超快冷至 580℃的 SEM 及 TEM 形貌像。从 SEM 形貌像可以看出，组织主要包含板条和粒状贝氏体，且粒状贝氏体含量远大于板条贝氏体含量。图 3-32b 为板条贝氏体的典型形貌，可以看出，在贝氏体铁素体板条之间存在片状碳化物。利用 SAED 可以确认其为渗碳体，如图 3-32c 所示。图 3-32d 为粒状贝氏体的典型形貌，在铁素体基体上分布着粒状马奥岛，其中马奥岛的尺寸约 400nm。美国得克萨斯大学 Misra 教授对马奥岛的形成过程进行了研究，结果表明，在缓慢冷却过程中，过冷奥氏体会首先转变为铁素体，使得未转变奥氏体富碳，当富碳奥氏体冷却至 M_s 点以下时，会

图 3-31　Nb-V 实验钢超快至 660℃时的 SEM 与 TEM 形貌像

a—SEM 显微照片；b—P 和 PF 的 TEM 显微照片；c—AF 的 TEM 显微照片；

d—图 c 中白色矩形标记区域的放大图像

完全或者部分转变为马氏体，从而转变为马奥岛。在本章的研究工作中，MA 岛为层状的奥氏体存在于马氏体中，如图 3-32e 奥氏体暗场像所示，其中暗场像是通过圈中 SAED 电子衍射谱（图 3-32f）中 fcc（$1\bar{1}1$）面所得。通过 SAED 谱可以看出，奥氏体与马氏体符合 K-S 关系，即 $[111]_\alpha//[101]_\gamma$，$(101)_\alpha//(111)_\gamma$ $[11\bar{1}]_\alpha//[10\bar{1}]_\gamma$，$(101)_\alpha//(111)_\gamma$。

利用 TEM 对析出物形核位置、化学成分和尺寸分布进行观察。可以得到两种类型的析出物，第一类为尺寸较大，尺寸在 30~200nm 的析出粒子，包

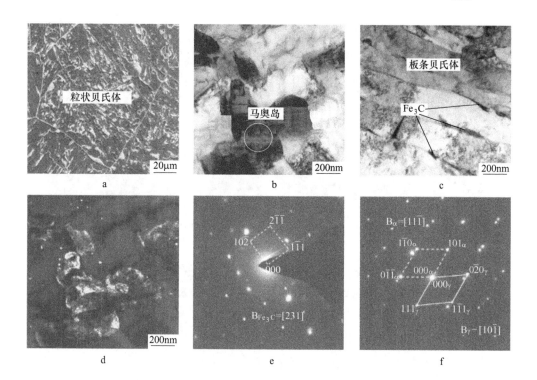

图 3-32 实验钢超快至 580℃时的 SEM 与 TEM 形貌像

a—SEM 显微照片；b—GB 明场图像；c—板条贝氏体 SAED 图；d—GB 中 MA 岛中奥氏体暗场图像；

e—片状碳化物 SAED 图；f—GB 中 M/A 成分的指数化 SAED 图

括方形 TiN 和椭球形（Ti，Nb）CN。第二类析出为等温过程或者缓冷过程中形成的尺寸小于 10nm 的析出物，本章主要研究第二类析出物。图 3-33 所示为实验钢超快冷至不同温度的析出物形貌，其中图 3-33a 和 b 所示为多边形铁素体区域的析出，图 3-33c 和 d 所示为贝氏体区域的析出，可以看出多边形铁素体中的析出物密度相比于板条贝氏体中大。

图 3-34 所示为实验钢超快冷至 620℃的明暗场对应照片，可以看出圈中析出衍射中某点，暗场中析出与铁素体满足共同的取向关系。

图 3-35 所示为实验钢超快冷至不同温度后纳米级碳化物的 HRTEM 像。其中在图 3-35a 和 c 中可以看到清晰的 Moiré 条纹，其原因是碳化物的大小和基体的厚度相差很大，使得碳化物和基体相互叠加，两者之间的二次衍射效应产生了 Moiré 条纹衬度轮廓，通过 Moiré 条纹可以准确地测出碳化物的尺

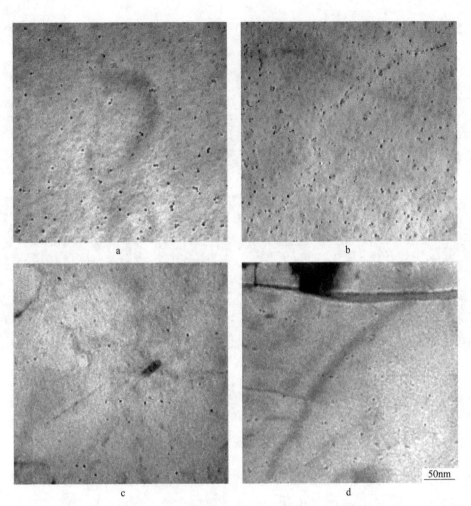

图 3-33 实验钢超快冷至不同温度下析出物形貌

a，b—多边形铁素体中析出相形貌；c，d—板条贝氏体中析出碳化物

寸。在图 3-35a 和 c 中没有观察到 Moiré 条纹，因为碳化物的尺寸和所在基体的厚度相当，因此无法得到碳化物和基体之间的二次衍射效应，从而无法产生 Moiré 条纹，但是由于碳化物和基体尺寸相当，使得碳化物和基体的相界面非常明锐，同样可以直接准确地测出碳化物的大小。测量方法如图 3-35 所示，其中析出物纵横长度的平均值作为碳化直径，分别为 3.6nm、5.0nm、6.4nm 和 9.7nm。每个试样测量 30 个来自 3 个不同铁素体晶粒中的碳化物，得到的尺寸分布如图 3-36 所示。

由图可知，在四个终冷温度下，析出物尺寸分布均在 2~15nm 且平均尺

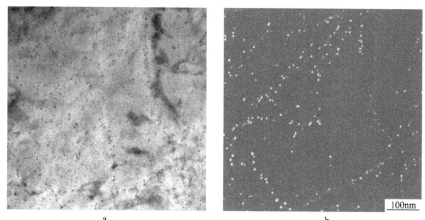

a
b

图 3-34 实验钢超快冷至 620℃的 TEM 形貌像

a—BF 图；b—样品中纳米级碳化物的 DF 图像

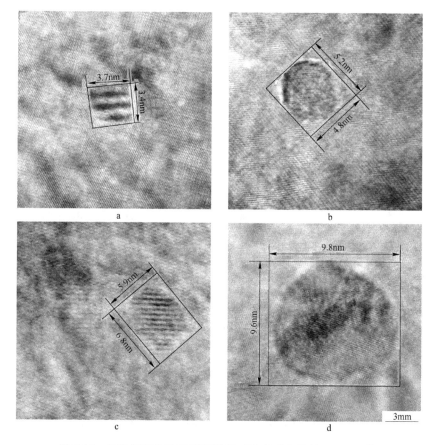

a
b
c
d

图 3-35 实验钢超快冷至不同温度时纳米碳化物的 HRTEM 像

a—540℃；b—580℃；c—620℃；d—660℃

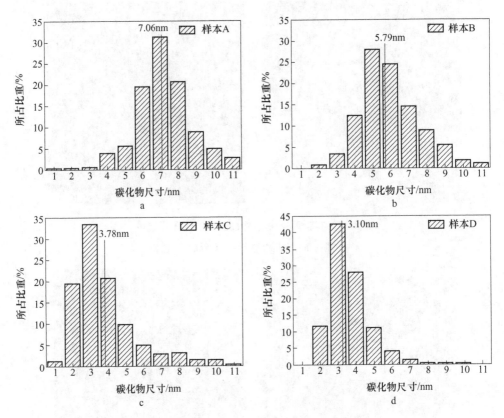

图 3-36　超快冷至不同温度下析出物尺寸分布

a—660℃；b—620℃；c—580℃；d—540℃

寸小于 8nm。文献中利用三维原子探针及中子小角散射对含 Ti 低碳微合金钢种析出物尺寸分布进行测定，得出析出物的最小尺寸约 2nm，因此证明了利用高分辨电镜测量析出物尺寸方法的可行性。

　　为了准确测得析出物的单位体积内的数量密度，需要在双束条件下测量薄膜试样周围的等厚条纹来获得样品的厚度信息，样品厚度约 110nm。析出物的数量密度是通过 10 张 TEM 照片统计获得，其析出物平均尺寸与数量密度随超快冷终冷温度的变化曲线如图 3-37 所示。可以看出，析出物的平均尺寸随着超快冷终冷温度的降低而逐渐减小，析出物的数量密度随着温度的降低先增大后减小，且贝氏体中的析出数目明显小于铁素体中的析出数目。因为铁素体的排碳化学驱动力比贝氏体大，因此铁素体中析出物数目较多。在贝氏体中随着超快冷终冷温度的升高析出数目呈上升趋势，而在铁素体中则相反，这是因为析出数目是由析出热力学中的形核驱动力以及析出动力学中微合金元素扩散速率共同决定的。贝氏体转变的温度相对较低，不利于微合金元素的析出，且随着终冷温度的降低，析出形核驱动力的增大无法弥补微合金元素扩散速率的大幅降低对于析出物形核与长大的影响，因此贝氏体区中，终冷温度越低，析出数目越少。而在铁素体基体中，随着终冷温度的降低，析出的形核驱动力增大可以弥补微合金元素扩散速率的略微降低对析出形核与长大的影响。

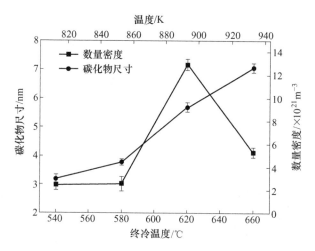

图 3-37　碳化物尺寸及数量密度与终冷温度的关系曲线

力学性能与显微组织之间的联系可以通过强化机制来分析，其中包括细晶强化、位错强化、固溶强化及析出强化。其中超快冷却温度为 660℃ 和 620℃ 屈服强度的主要差别是由析出强化导致的。文献中利用纳米压痕仪对比不同试样中析出强化的大小。相比于宏观硬度及显微硬度，纳米硬度的压头较小，可以对铁素体晶粒内部微区的硬度进行测定，而且可以获得纳米硬度随压痕深度的变化曲线。由于纳米硬度可以忽略晶界对硬度的影响，因此纳米压痕值可以直观反映析出强化的作用。为了观察不同析出强化量对铁素体强度的贡献，对超快冷至 660℃ 和 620℃ 的实验钢进行纳米压痕对比实验，每个试样打 5×5 的点阵。

图 3-38 所示为纳米压痕的典型形貌及载荷深度曲线，经计算可知平均纳米硬度为 3.68GPa 与 3.82GPa。本章的研究中，由于在后续的冷速为 0.1℃/s，

因此其 C 为平衡 C 含量，且位错密度相近。因此纳米硬度的主要差异来源于析出强化，可以看出，实验钢超快冷至 620℃时，载荷深度曲线分布较为集中，实验钢中析出物均匀分布于基体中，且数量密度较高。

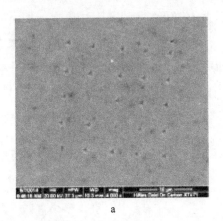

a

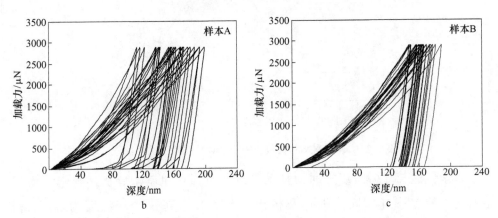

图 3-38　实验钢超快冷至不同温度下纳米压痕实验结果

a—典型压痕形态；b—660℃时钢的载荷-深度曲线；c—620℃时钢的载荷-深度曲线

3.3.2　Nb-V 微合金钢复合析出机制

为了对复合析出机制进行研究，设计了一系列等温淬火实验来研究等温淬火温度及时间对析出行为的影响，实验利用 Formastor-FⅡ全自动相变仪完成，热处理工艺如图 3-39 所示。实验钢在 1200℃奥氏体化 5min，后以 80℃/s 的冷却速度冷至 600℃、650℃和 700℃，等温 10min、20min 和 60min，最后用 He 气以 100℃/s 的冷却速度冷至室温。

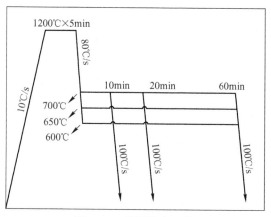

图 3-39　等温淬火工艺

图 3-40a 所示为实验钢在 650℃ 等温 10min 的金相显微组织，可以看出，显微组织包含无定型铁素体及马氏体，其中无定型铁素体是在等温过程中形成的，马氏体是未转变完成的奥氏体在后续的淬火过程中形成的。图 3-40a ~ d 所示为实验钢在 600℃、650℃ 和 700℃ 等温 10min 析出物的形貌像，仅可以观察到弥散析出碳化物。析出物的平均尺寸为 3.58nm、3.26nm 和 4.12nm，且析出物的数量密度为 $5.3 \times 10^{21} m^{-3}$、$11.4 \times 10^{21} m^{-3}$ 和 $7.29 \times 10^{21} m^{-3}$，可以看出 650℃ 析出物尺寸细小且密集。因此，可以得出在 650℃ 时析出物最接近于 PPT 曲线的鼻子温度，在 650℃ 时，析出物的动力学及热力学最有利于析出物的形核。图 3-40c、e 和 f 为在 650℃ 等温 10min、20min 和 60min 的析出物形貌。经高分辨照片测量析出的平均尺寸为 3.26nm、4.15nm 和 6.29nm，如图 3-41 所示。每个试样测量 30 个析出物。可以看出，在所有的等温时间下析出物的尺寸均在 2 ~ 15nm，且随着等温时间的延长，析出物的平均尺寸逐渐增加。高分辨测量结果与中子小角散射及原子探针结果相符。

图 3-41a ~ c 所示为实验钢等温不同时间的 HRTEM 形貌像，可以看出，具有明显的摩尔条纹，通过 FFT 可以模拟出衍射斑，如图 3-41d ~ f 所示，可以测出析出物的 {111} 面间距，可以通过式（3-7）计算析出物的晶格常数[20]。

$$a_{carbide} = d_{(111)} \times \sqrt{h^2 + k^2 + l^2} = d_{(111)} \times \sqrt{3} \qquad (3-7)$$

式中　a——析出物的晶格常数；

　　　d——面间距。

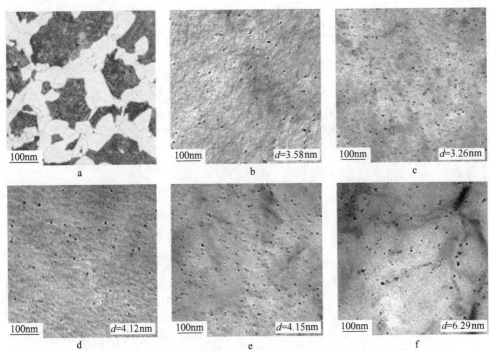

图 3-40 实验钢在不同温度等温 10min 后显微组织及析出形貌像

a~d—600℃、650℃和 700℃等温 10min；e, f—650℃等温 20min 和 60min

经计算不同等温时间下析出物的晶格常数分别为 0.442nm、0.439nm 和 0.435nm。利用 IFFT 可以得到放到的晶格像，如图 3-41g~i 所示，可以直接测量析出物的晶格常数。结果显示，随着等温时间的延长，析出物的平均晶格常数减小。

析出物与基体的晶格错配度可以通过公式（3-8）计算[20]：

$$\delta_1 = \frac{a_{\text{carbide}} - \sqrt{2}\, a_{\text{ferrite}}}{a_{\text{carbide}}} \tag{3-8}$$

式中，铁素体的晶格常数为 0.286nm，可以得出错配度随着析出物晶格常数的减小而减小。

为研究粗化过程中析出物的化学成分，使用纳米探头 EDS 进行析出物的成分检测，析出物的主要成分包含 Nb 和 V，可以看出析出物中的 Nb 与 V 的比例在各个析出物中略有不同，但是随着等温时间的延长，可以看出析出物中 V 的比例逐渐增大，在 (Ti, Mo)C 及 (Ti, V)C 中也得出类似规律，如图 3-42 所示。

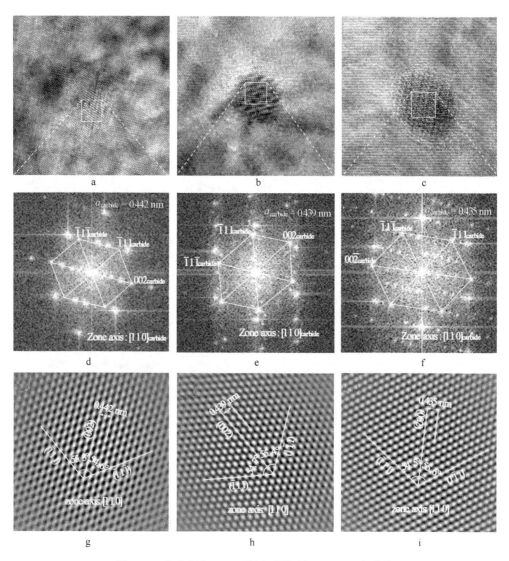

图 3-41 实验钢在 650℃等温不同时间 HRTEM 形貌像

a, d, g—10min; b, e, h—20min; c, f, i—60min

根据半共格界面理论，可以计算出（Nb_xV_{1-x}）C 与铁素体界面能随温度的变化曲线，如图 3-43a 所示，可以看出随着 V 的增加，界面能逐渐减小。

根据 Johnson-Mehl-Avrami 模型，可以计算析出物的 PTT 曲线，以析出量 5%为开始曲线，时间为 $t_{0.05}$，计算公式如式（3-9）所示[52]：

$$\lg(t_{0.05}/t_0) = \frac{1}{n}\left(-1.28994 - 2\lg d_c + \frac{1}{\ln 10}\frac{\Delta G_c + 5/3Q}{kT}\right) \quad (3-9)$$

式中　d_c——位错上形核的临界半径；

　　　ΔG_c——临界形核能；

　　　n——时间指数。

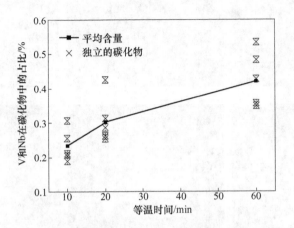

图 3-42　实验钢中析出物中 V/Nb 与等温时间的变化曲线

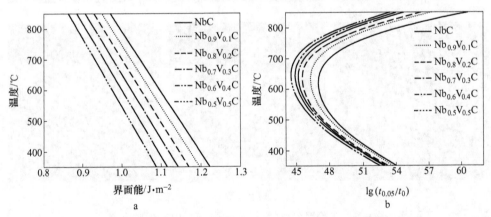

图 3-43　界面能随温度及成分的变化曲线（a）及不同成分析出物的 PTT 曲线（b）

计算结果如图 3-43b 所示。可以看出，析出鼻子温度接近于 650℃，随着 V 的增大，析出的鼻尖温度逐渐上移，促进析出物的形成。根据 Avrami 方程对析出物 PTT 曲线进行计算，可以得出析出物具有 C 曲线特征，且鼻尖温度约 650℃，与实验结果良好匹配。碳化物的尺寸及 V/Nb 均随着等温时间的延长而增加，析出物的晶格常数随等温时间的延长而减小。随着 V 取代析出物中的 Nb 减小了基体与析出物的错配度，在一定程度上促进了析出的进行。

3.4　小结

（1）超快冷至580℃时，低碳 Ti 微合金钢屈服强度可达650MPa，−20℃冲击功可到90J。对析出物进行分析可知，除了 TiC，同时存在大量纳米级 Fe_3C，纳米级 Fe_3C 由于体积分数较大，可以获得比 TiC 更大的析出强化增量，两者共同析出强化量可达350MPa。

（2）对实验钢的不同强化机制对屈服强度的贡献进行计算可知，三种不同终冷温度下固溶强化贡献值接近，屈服强度的主要差异为细晶强化和析出强化，其中细晶强化计算中均以铁素体晶粒尺寸作为有效晶粒尺寸，析出强化计算采用 SAXS 和 SANS 测得析出粒子体积分数进行计算，对屈服强度进行修正得到屈服强度等于细晶强化、固溶强化和析出强化的加和值，经计算理论计算值与实际屈服强度值接近，说明加和法则修正是可行的。

（3）超快冷至660℃和620℃时，组织主要为多边形铁素体和珠光体，超快冷至580℃和540℃，组织主要为贝氏体，且多边形铁素体中数量密度远大于贝氏体中，随着终冷温度的降低，碳化物尺寸略微减小；利用晶格常数和 EDX 测量结果确认析出物为（Nb，V）C 复合碳化物，且随超快冷温度的升高，复合析出碳化物中 V 与 Nb 的原子比例逐渐升高，晶格常数降低。

（4）随着等温时间的延长，复合析出相中 V 与 Nb 的原子比例逐渐升高，晶格常数降低。随着复合析出中 V 原子含量的升高，复合析出相的形核界面能、临界形核尺寸和临界形核功均减小。即 V 原子含量的增加更有利于复合析出碳化物的形核。根据 Avrami 方程对复合 PTT 曲线进行计算可知，复合析出物（Nb，V)C 具有"C 曲线"特征，最佳析出温度约为650℃。

4 铁碳合金中纳米级渗碳体析出的
热力学解析

20 世纪以 Fe-C 合金为基础的钢铁材料的主流开放手段是通过添加 Nb、V、Ti 等微量合金元素并控制相变进行强化[42~45]。然而随着近年来不断出现的环境和资源问题，为了满足减量化、低成本的发展要求，奥氏体相变过程中发生的渗碳体析出现象逐渐引起了广泛的关注。这是由于渗碳体是钢铁中最为经济和重要的第二相，中高碳钢中渗碳体的体积分数可以达到 10% 的数量级而无需增大生产成本，若能有效地使渗碳体细化到数十纳米的尺寸，将可以产生非常强烈的第二相强化效果，起到微合金碳化物一样的强化作用[46]。

但是，与微合金钢不同，Nb、V、Ti 等合金碳化物是在近平衡条件下析出的稳定相，而亚共析钢的渗碳体在近平衡条件下通常形成片层的珠光体结构，无法形成纳米级渗碳体颗粒的析出。由于颗粒状渗碳体是在较大过冷度条件下形成的亚稳相，因此可以增加冷速通过非平衡析出的方式改变渗碳体的析出形式。

本章利用经典的 KRC、LFG 和 MD 模型对在超快速冷却条件下过冷奥氏体的相变动力进行计算，并在热力学模型计算提供理论依据的基础上，分析亚共析钢中形成纳米级渗碳体颗粒的可能性和规律性，从热力学的角度解释在超快速冷却条件下铁碳合金中纳米级渗碳体析出的实验现象。

4.1 热力学分析和计算模型

图 4-1 所示为 Fe-C 合金在过冷到 A_1 以下温度 T 时各相自由焓的变化[47]。实验用含碳量为 c 的亚共析钢奥氏体在超快速冷却的条件下快速通过两相区时，没有足够的时间析出先共析铁素体 F，而是直接过冷到 T 温度，因此奥氏体和铁素体两相区被延伸到 A_1 以下的亚稳区域。在亚稳区的上部，靠近 A_1

的较高温度区间，将进行先共析铁素体转变和共析分解反应，生成片层状的渗碳体组织。在中温区，如 T 温度下，初始组织生成 b 点的铁素体与 d 点的奥氏体处于亚稳平衡，其自由焓的大小由 γ 和 α 的自由焓曲线的公切线决定，即图 4-1 中 cc 线和 bd 公切线的交点所对应的自由焓值（ΔG_1）。生成铁素体+渗碳体两相的自由焓由公切线 ae 与 cc 线的交点决定（ΔG_2），铁素体+渗碳体的相组成的自由焓较低，而由 b 点的铁素体+过冷残留奥氏体的相组成的自由焓较高，较为不稳定，残留奥氏体倾向于分解为铁素体+渗碳体，形成能量更低的组织。

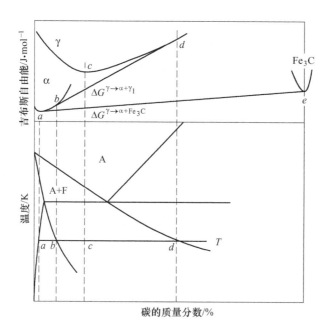

图 4-1　铁碳合金中过冷奥氏体的自由能变化

　　奥氏体的分解转变 Fe-C 合金中是最基本的相变过程，也是工业应用上最重要的相变反应。早在 1962 年 Kaufman、Radcliffe 和 Cohen 就共同创建了 KRC 热力学模型[48]，对奥氏体相变驱动力进行计算。但其模型并未计算形核驱动力，也未与相变机制相联系。针对 Fe-C 合金的驱动力计算模型，还有一些其他的理论模型，如 Lacher[49]、Fowler 和 Guggenheim[50] 提出的 LFG 模型，McLellaln 和 Dunn 提出的 MD 模型[51]。

　　按照三种可能的相变机制进行相变驱动力计算。一是先共析转变，即由奥氏体中析出先共析铁素体，余下的是残余奥氏体，反应式为：$\gamma \rightarrow \alpha + \gamma_1$；二是退化珠光体型转变，奥氏体分解为平衡浓度的渗碳体和铁素体，反应式为：$\gamma \rightarrow \alpha + Fe_3C$；三是奥氏体以马氏体相变方式转变为同成分的铁素体，然后在过饱和的铁素体中析出渗碳体，自身成为过饱和碳含量较低的铁素体，反应式为：$\gamma \rightarrow \alpha' \rightarrow \alpha'' + Fe_3C$。三种机制中，相变驱动力最大者就是从热力学角度最可能发生的相变过程。若过冷奥氏体组织发生退化珠光体转变，分解生成平衡浓度的渗碳体和铁素体，那么在超快速冷却的条件下，碳原子的扩散将受到抑制，在短时间内渗碳体将很有可能无法充分长大成片层结构而直接形成弥散分布的纳米级颗粒，而弥散分布的渗碳体颗粒增大的表面能可由增大过冷度所得到的化学自由能来提供[52,53]。

热力学理论在相变研究中的一项重要应用就是计算相变驱动力，从而判断相变过程能否进行。相变热力学是基于统计热力学基础理论发展起来的，其最基本原理是相变驱动力等于两相自由能之差（ΔG）。间隙固溶体的自由能与熵（S）、焓（H）及温度（T）直接相关，$\Delta G = \Delta H - T\Delta S$。进一步，通过统计热力学计算，考虑所有间隙位置数目、间隙原子填充的位置数及空的位置数，将熵与间隙原子的原子百分比联系起来，这样，Fe-C 合金相变的驱动力就可以通过相变的温度及碳和铁的活度确定。因此，要计算相变的驱动力，必须首先计算碳和铁的活度，而活度计算又涉及碳原子交互作用能（w）、偏摩尔焓（$\Delta \overline{H}$）和偏摩尔熵（$\Delta \overline{S}$）这三个基本参数。

由于 KRC、LFG 和 MD 三种模型均列出了供计算的复杂的数学式，本章简要介绍三个常用模型对活度和驱动力计算的处理，而略去这些方程的详细推导过程，直接使用这些公式进行计算。

4.2 铁碳合金中碳和铁的活度计算

在理想合金中，两组分混合时，混合焓（$\Delta H_{混合}$）为零，自由能变化仅仅来源于熵的变化，可直接用浓度来计算相变驱动力。而对于实际合金成分而言，混合过程不是放热反应就是吸热反应，混合焓（$\Delta H_{混合}$）不为零。而为了保持理想合金的化学位（μ，即偏摩尔自由能）与成分之间的简单公式关系，引入活度概念，$\mu = \mu^{\ominus} + RT\ln a$。与浓度不同，组元活度是描述合金中组元状态的另一种方法，实际上是原子离开合金趋势的量度。活度和浓度之间关系在真实合金中比较复杂，受合金成分和温度变化的影响[54]。要计算过冷奥氏体分解的驱动力，首先要求得碳和铁原子在奥氏体和铁素体中的活度。

4.2.1 KRC 模型

原始的 KRC 模型应用统计热力学理论对间隙固溶体的自由能和配置熵进行了计算。在此基础上，Machlin[55]和 Aaronson[56]认为不被允许的充填位置 Z 因温度而改变，因此修正了 KRC 方法，将碳在奥氏体中活度 a_C^γ 表示为：

$$\ln a_C^\gamma = \ln \frac{x_\gamma}{1 - z_\gamma x_\gamma} + \frac{\Delta \overline{H}_\gamma - \Delta \overline{S}_\gamma^{xs} T}{RT} \tag{4-1}$$

式中　　z_γ——间隙配位数，$z_\gamma = 14 - 12\exp(-w_\gamma/RT)$；

w_γ——奥氏体中相邻一对碳原子的交互作用能；

x_γ——碳在奥氏体中的摩尔分数；

$\Delta \overline{H}_\gamma$，$\Delta \overline{S}_\gamma^{xs}$——分别是碳在奥氏体中的偏摩尔焓和偏摩尔非配置熵；

R——理想气体常数，取 8.31J/(mol·K)；

T——绝对温度。

Shiflet，Bradley 和 Aaronson（SBA）[57]得到 w_γ 的平均值为 8054J/mol，$\Delta \overline{H}_\gamma$ 为 38573J/mol，$\Delta \overline{S}_\gamma^{xs}$ 为 13.48J/(mol·K)。

碳在铁素体中的活度 a_C^α 表示为：

$$\ln a_C^\alpha = \ln \frac{x_\alpha}{3 - z_\alpha x_\alpha} + \frac{\Delta \overline{H}_\alpha - \Delta \overline{S}_\alpha^{xs} T}{RT} \tag{4-2}$$

$$z_\alpha = 12 - 8\exp(-w_\alpha/RT)$$

式中　　　　x_α——碳在铁素体中的摩尔分数；

w_α，$\Delta \overline{H}_\alpha$，$\Delta \overline{S}_\alpha^{xs}$——分别为碳在铁素体中的交互作用能、偏摩尔焓和偏摩尔非配置熵。

SBA 得出 w_α 为 -8373J/mol，$\Delta \overline{H}_\alpha$ 为 112206J/mol，$\Delta \overline{S}_\alpha^{xs}$ 为 51.46J/(mol·K)。

考虑到在奥氏体中铁和碳的化学位应当满足 Gibbs-Duhem 方程（$x_1 d\ln a_1 + x_2 d\ln a_2 = 0$），所以铁在奥氏体中的活度 a_{Fe}^γ 可以利用对式（4-1）积分求得：

$$\ln a_{Fe}^{\gamma} = -\int_0^{x_\gamma} \frac{x_\gamma}{1-x_\gamma} d(\ln a_C^{\gamma}) = \frac{1}{z_\gamma - 1} \ln\left(\frac{1 - z_\gamma x_\gamma}{1 - x_\gamma}\right) \tag{4-3}$$

采用类似方法，在铁素体中，由 Gibbs-Duhem 方程定积分可得 a_{Fe}^{α} 表达式：

$$\ln a_{Fe}^{\alpha} = -\int_0^{x_\alpha} \frac{x_\alpha}{1-x_\alpha} d(\ln a_C^{\alpha}) = \frac{3}{z_\alpha - 3} \ln\left[\frac{3 - z_\alpha x_\alpha}{3(1 - x_\alpha)}\right] \tag{4-4}$$

4.2.2 LFG 模型

LFG 模型考虑到碳原子交互作用层重叠，将碳在奥氏体中活度 a_C^{γ} 表示为：

$$\ln a_C^{\gamma} = 5\ln\frac{1 - 2x_\gamma}{x_\gamma} + \frac{6w_\gamma}{RT} + 6\ln\frac{\delta_\gamma - 1 + 3x_\gamma}{\delta_\gamma + 1 - 3x_\gamma} + \frac{\Delta \overline{H}_\gamma - \Delta \overline{S}_\gamma^{xs} T}{RT} \tag{4-5}$$

式中
$$\delta_\gamma = \left[1 - 2(1 + 2J_\gamma)x_\gamma + (1 + 8J_\gamma)x_\gamma^2\right]^{1/2}$$

$$J_\gamma = 1 - \exp(-w_\gamma/RT)$$

碳在铁素体中活度 a_C^{α} 表示为：

$$\ln a_C^{\alpha} = 3\ln\frac{3 - 4x_\alpha}{x_\alpha} + \frac{4w_\alpha}{RT} + 4\ln\frac{\delta_\alpha - 3 + 5x_\alpha}{\delta_\alpha + 3 - 5x_\alpha} + \frac{\Delta \overline{H}_\alpha - \Delta \overline{S}_\alpha^{xs} T}{RT} \tag{4-6}$$

式中
$$\delta_\alpha = \left[9 - 6(3 + 2J_\alpha)x_\alpha + (9 + 16J_\alpha)x_\alpha^2\right]^{1/2}$$

$$J_\alpha = 1 - \exp(-w_\alpha/RT)$$

同样应用 Gibbs-Duhem 方程定积分得铁在奥氏体中活度 a_{Fe}^{γ} 和铁在铁素体中活度 a_{Fe}^{α} 表达式：

$$\ln a_{Fe}^{\gamma} = 5\ln\frac{1 - x_\gamma}{1 - 2x_\gamma} + 6\ln\frac{1 - 2J_\gamma + (4J_\gamma - 1)x_\gamma - \delta_\gamma}{2J_\gamma(2x_\gamma - 1)} \tag{4-7}$$

$$\ln a_{Fe}^{\alpha} = 9\ln\frac{3(1 - x_\alpha)}{3 - 4x_\alpha} + 12\ln\frac{3(1 - 2J_\alpha) + 8(J_\alpha - 3)x_\alpha - \delta_\alpha}{2J_\alpha(4x_\alpha - 3)} \tag{4-8}$$

式中，δ_γ，J_γ，δ_α 和 J_α 的值同上。

4.2.3 MD 模型

LFG 模型并未考虑到碳原子周围最近邻的间隙位置不能完全被充填，MD

模型对此进行了改进纠正，采用准化学近似，并假设混合焓仅由邻近原子键能引起，提出 fcc 中取 $z_\gamma = 12$，得到 MD 模型中碳原子在奥氏体中的活度 a_C^γ 表达式：

$$\ln a_C^\gamma = 11\ln \frac{1 - 2x_\gamma}{x_\gamma} + \frac{6w_\gamma}{RT} + 6\ln \frac{\delta_\gamma - 1 + (1 + 2J_\gamma)x_\gamma}{\delta_\gamma - 1 + 2J_\gamma + (1 - 4J_\gamma)x_\gamma} + \frac{\Delta\overline{H}_\gamma - \Delta\overline{S}_\gamma^{xs}T}{RT}$$

(4-9)

MD 模型 $z_\alpha = 8$，将 a_C^α 表示为：

$$\ln a_C^\alpha = 7\ln \frac{3 - 4x_\alpha}{x_\alpha} + \frac{4w_\alpha}{RT} + 4\ln \frac{\delta_\alpha - 3 + (3 + 2J_\alpha)x_\alpha}{\delta_\alpha - 3 + 6J_\alpha + (3 - 8J_\alpha)x_\alpha} + \frac{\Delta\overline{H}_\alpha - \Delta\overline{S}_\alpha^{xs}T}{RT}$$

(4-10)

MD 模型与 LFG 模型中铁在奥氏体和铁素体中活度表达式相同。

4.3　铁碳合金中相变驱动力的计算公式

在活度计算的基础上，可进行过冷奥氏体相变驱动力的计算。本章已经介绍了过冷奥氏体存在着三种可能的相变机制，即先共析铁素体转变、退化珠光体转变和马氏体切变方式转变。这三种机制中，相变驱动力最大者，就是从热力学角度最有可能方式的相变过程。下面分别介绍这三种机制的相变驱动力计算方法。

4.3.1　先共析型转变的驱动力

根据脱溶驱动力的计算[58]，可得先共析铁素体析出的驱动力 $\Delta G^{\gamma \to \alpha + \gamma_1}$ 为：

$$\Delta G^{\gamma \to \alpha + \gamma_1} = (1 - x_\gamma)(\overline{G}_{Fe}^{\gamma/\alpha} - \overline{G}_{Fe}^\gamma) + x_\gamma(\overline{G}_C^{\gamma/\alpha} - \overline{G}_C^\gamma)$$ (4-11)

式中　$\overline{G}_{Fe}^{\gamma/\alpha}$，$\overline{G}_C^{\gamma/\alpha}$——分别为 α/γ 相界上铁和碳在奥氏体内的偏摩尔自由能；

$\overline{G}_{Fe}^\gamma$，$\overline{G}_C^\gamma$——分别为未转变前母相基体中铁和碳的偏摩尔自由能。

$$\Delta G^{\gamma \to \alpha + \gamma_1} = RT\left[x_\gamma \ln \frac{a_C^{\gamma/\alpha}}{a_C^\gamma} + (1 - x_\gamma)\ln \frac{a_{Fe}^{\gamma/\alpha}}{a_{Fe}^\gamma}\right]$$ (4-12)

式中　$a_{Fe}^{\gamma/\alpha}$，$a_C^{\gamma/\alpha}$——分别为 α/γ 相界上铁和碳在奥氏体中的活度；

a_{Fe}^γ，a_C^γ——分别为未转变前母相基体中铁和碳的活度。

将 KRC 模型的活度表达式（4-1）和式（4-3）代入式（4-12），可得 KRC 模型的 $\Delta G^{\gamma \to \alpha + \gamma_1}$：

$$\Delta G^{\gamma \to \alpha + \gamma_1} = RT\left\{x_\gamma \ln\left[\frac{(1 - e^\varphi)(1 - z_\gamma x_\gamma)}{(z_\gamma - 1)(x_\gamma e^\varphi)}\right] + \frac{(1 - x_\gamma)}{(z_\gamma - 1)}\ln\left[\frac{(1 - x_\gamma)e^\varphi}{1 - z_\gamma x_\gamma}\right]\right\}$$

(4-13)

式中，$\varphi = \dfrac{(z_\gamma - 1)\Delta G_{Fe}^{\gamma \to \alpha}}{RT}$，$\Delta G_{Fe}^{\gamma \to \alpha}$ 表示纯铁发生 $\gamma \to \alpha$ 相变偏摩尔自由能，是随温度变化的复杂函数，Kaufman、Mogutnov 和 Orr 等人[59~61]都给出了适当的计算值，如图 4-2 所示。

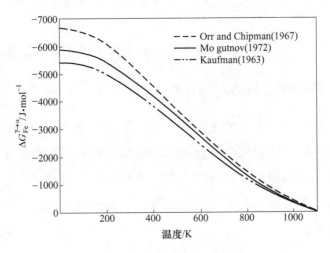

图 4-2　$\Delta G_{Fe}^{\gamma \to \alpha}$ 随温度变化曲线

将 LFG 模型的活度表达式（4-5）和式（4-7）代入式（4-12），可得 LFG 模型的 $\Delta G^{\gamma \to \alpha + \gamma_1}$：

$$\Delta G^{\gamma \to \alpha + \gamma_1} = RTx_\gamma\left[5\ln\frac{(1 - 2x_\gamma^{\gamma/\alpha})x_\gamma}{(1 - 2x_\gamma)x_\gamma^{\gamma/\alpha}} + 6\ln\frac{(\delta_\gamma^{\gamma/\alpha} - 1 + 3x_\gamma^{\gamma/\alpha})(\delta_\gamma + 1 - 3x_\gamma)}{(\delta_\gamma^{\gamma/\alpha} + 1 - 3x_\gamma^{\gamma/\alpha})(\delta_\gamma - 1 + 3x_\gamma)}\right] +$$

$$RT(1 - x_\gamma)\left\{5\ln\frac{(1 - x_\gamma^{\gamma/\alpha})(1 - 2x_\gamma)}{(1 - 2x_\gamma^{\gamma/\alpha})(1 - x_\gamma)} + \right.$$

$$\left. 6\ln\frac{[1 - 2J_\gamma + (4J_\gamma - 1)x_\gamma^{\gamma/\alpha} - \delta_\gamma^{\gamma/\alpha}](2x_\gamma - 1)}{[1 - 2J_\gamma + (4J_\gamma - 1)x_\gamma - \delta_\gamma](2x_\gamma^{\gamma/\alpha} - 1)}\right\}$$

(4-14)

式中，$\delta_\gamma^{\gamma/\alpha} = [1 - 2(1 + 2J_\gamma)x_\gamma^{\gamma/\alpha} + (1 + 8J_\gamma)(x_\gamma^{\gamma/\alpha})^2]^{1/2}$；$x_\gamma^{\gamma/\alpha}$ 为 α/γ 相界上碳

在奥氏体中的摩尔分数，后文计算中将给出具体的计算公式。

4.3.2 退化珠光体型转变的驱动力

过冷奥氏体分解温度下，平衡铁素体的含碳量很低，为计算简便，铁素体自由能可近似地用纯铁的自由能代替，此时平衡分解的相变驱动力为：

$$\Delta G^{\gamma \to \alpha + Fe_3C} = (1 - x_\gamma)G^\alpha_{Fe} + x_\gamma G^G_C + x_\gamma \Delta G^{Fe_3C} - G^\gamma \tag{4-15}$$

式中　　　　　ΔG^{Fe_3C}——渗碳体的生成自由能变化，可由 Darken 和 Gurry 数据得出，如表 4-1 所示，$\Delta G^{Fe_3C} = G^{Fe_3C} - 3G^\alpha_{Fe} - G^G_C$；

G^{Fe_3C}，G^α_{Fe}，G^G_C，G^γ——分别为渗碳体、纯铁、石墨和奥氏体的自由能。

G^γ 可以表示为：

$$G^\gamma = (1 - x_\gamma)\overline{G^\gamma_{Fe}} + x_\gamma \overline{G^\gamma_C} = (1 - x_\gamma)(G^\gamma_{Fe} + RT\ln a^\gamma_{Fe}) + x_\gamma(G^G_C + RT\ln a^\gamma_C) \tag{4-16}$$

用 KRC 模型的活度式（4-1）和式（4-3）代入式（4-16）可确定 G^γ，并进一步代入式（4-15），可求得：

$$\Delta G^{\gamma \to \alpha + Fe_3C} = (1 - x_\gamma)\Delta G^{\gamma \to \alpha}_{Fe} + x_\gamma(\Delta G^{Fe_3C} - \Delta \overline{H}_\gamma + \Delta \overline{S}^{xs}_\gamma T) -$$
$$\frac{RT}{z_\gamma - 1}\Big[(1 - z_\gamma x_\gamma)\ln(1 - z_\gamma x_\gamma) - (1 - x_\gamma)\ln(1 - x_\gamma) +$$
$$x_\gamma(z_\gamma - 1)\ln x_\gamma \Big] \tag{4-17}$$

同理，用 LFG 模型的活度式（4-5）和式（4-7）代入式（4-16）可确定 G^γ，并进一步代入式（4-15），可得：

$$\Delta G^{\gamma \to \alpha + Fe_3C} = (1 - x_\gamma)\Delta G^{\gamma \to \alpha}_{Fe} + x_\gamma(\Delta G^{Fe_3C} - 6w_\gamma - \Delta \overline{H}_\gamma + \Delta \overline{S}^{xs}_\gamma T) -$$
$$5RT\big[(1 - x_\gamma)\ln(1 - x_\gamma) - (1 - 2x_\gamma)\ln(1 - 2x_\gamma) - x_\gamma \ln x_\gamma \big] -$$
$$6RT\Big[x_\gamma \ln \frac{\delta_\gamma - 1 + 3x_\gamma}{\delta_\gamma + 1 - 3x_\gamma} + (1 - x_\gamma)\ln \frac{1 - 2J_\gamma + (4J_\gamma - 1)x_\gamma - \delta_\gamma}{2J_\gamma(2x_\gamma - 1)} \Big] \tag{4-18}$$

表 4-1　不同温度下的 ΔG^{Fe_3C} 值

温度/K	400	500	600	700	800	900	1000	1100	1200
$\Delta G^{Fe_3C}/J \cdot mol^{-1}$	17832	15217	12201	9138	6184	3464	1142	-967	-1799

4.3.3 马氏体型转变的驱动力

奥氏体转变为同成分铁素体的相变驱动力 $\Delta G^{\gamma\to\alpha}$ 为：

$$\Delta G^{\gamma\to\alpha} = (1 - x_\gamma)\Delta G_{Fe}^{\gamma\to\alpha} + RT\left[x_\gamma\ln\frac{a_C^\alpha}{a_C^\gamma} + (1 - x_\gamma)\ln\frac{a_{Fe}^\alpha}{a_{Fe}^\gamma}\right] \tag{4-19}$$

将活度表达式（4-1）~式（4-4）同时代入式（4-19），得到 KRC 模型的马氏体型转变驱动力为：

$$\Delta G^{\gamma\to\alpha} = \frac{RT}{(z_\alpha - 3)(z_\gamma - 1)}[(z_\gamma - 1)(3 - z_\alpha x_\gamma)\ln(3 - z_\alpha x_\gamma) -$$

$$(z_\alpha - 3)(1 - z_\gamma x_\gamma)\ln(1 - z_\gamma x_\gamma) + (z_\alpha - 3z_\gamma)(1 - x_\gamma)\ln(1 - x_\gamma) -$$

$$3(z_\gamma - 1)(1 - x_\gamma)\ln 3] + (1 - x_\gamma)\Delta G_{Fe}^{\gamma\to\alpha} + x_\gamma[\Delta\bar{H}_\alpha - \Delta\bar{H}_\gamma - (\Delta\bar{S}_\alpha^{xs} - \Delta\bar{S}_\gamma^{xs})T]$$

$$\tag{4-20}$$

将活度表达式（4-5）~式（4-8）同时代入式（4-19），得到 LFG 模型的马氏体型转变驱动力为：

$$\Delta G^{\gamma\to\alpha} = RT\left[2x_\gamma\ln x_\gamma + 4(1 - x_\gamma)\ln(1 - x_\gamma) + 5(1 - 2x_\gamma)\ln(1 - 2x_\gamma) - \right.$$

$$3(3 - 4x_\gamma)\ln(3 - 4x_\gamma) + 9(1 - x_\gamma)\ln 3 + 4x_\gamma\ln\frac{\delta_\alpha - 3 + 5x_\gamma}{\delta_\alpha + 3 - 5x_\gamma} +$$

$$12(1 - x_\gamma)\ln\frac{3(1 - 2J_\alpha) + (8J_\alpha - 3)x_\gamma - \delta_\alpha}{2J_\alpha(4x_\gamma - 3)} - 6x_\gamma\ln\frac{\delta_\gamma - 1 + 3x_\gamma}{\delta_\gamma + 1 - 3x_\gamma} -$$

$$6(1 - x_\gamma)\ln\frac{1 - 2J_\gamma + (4J_\gamma - 1)x_\gamma - \delta_\gamma}{2J_\gamma(2x_\gamma - 1)}\right] + (1 - x_\gamma)\Delta G_{Fe}^{\gamma\to\alpha} +$$

$$x_\gamma[\Delta\bar{H}_\alpha - \Delta\bar{H}_\gamma - (\Delta\bar{S}_\alpha^{xs} - \Delta\bar{S}_\gamma^{xs})T + 4w_\alpha - 6w_\gamma] \tag{4-21}$$

之后，渗碳体从过饱和铁素体脱溶的自由能变化可分两种情况计算：

一种情况是过饱和铁素体脱溶转变为平衡铁素体和渗碳体（$\alpha'\to\alpha +$ Fe_3C）。

与式（4-15）相似，用纯 α-Fe 自由能近似地代替含平衡碳量铁素体的自由能，得到：

$$\Delta G^{\alpha'\to\alpha+Fe_3C} = (1 - x_{\alpha'})G_{Fe}^\alpha + x_{\alpha'}G_C^G + x_{\alpha'}\Delta G^{Fe_3C} - G^{\alpha'} \tag{4-22}$$

式中 $x_{\alpha'}$——碳在过饱和铁素体 α' 中的摩尔分数；

$G^{\alpha'}$——α' 的自由能。

对于完全过饱和的情况，$x_{\alpha'} = x_{\gamma} = x_{\alpha}$，从式（4-22）中减去式（4-15），得到：

$$\Delta G^{\alpha' \to \alpha + Fe_3C} = \Delta G^{\gamma \to \alpha + Fe_3C} - \Delta G^{\gamma \to \alpha} \tag{4-23}$$

另外一种情况是过饱和铁素体转变为较低饱和浓度的铁素体 α'' 和渗碳体（$\alpha' \to \alpha'' + Fe_3C$）。渗碳体从过饱和铁素体中脱溶的自由能变化可表示为：

$$\Delta G^{\alpha' \to \alpha'' + Fe_3C} = RT \left[x_{\alpha'} \ln \frac{a_C^{\alpha''}}{a_C^{\alpha'}} + (1 - x_{\alpha'}) \ln \frac{a_{Fe}^{\alpha''}}{a_{Fe}^{\alpha'}} \right] \tag{4-24}$$

将活度表达式（4-1）~式（4-4）同时代入式（4-24），得到 KRC 模型中渗碳体从过饱和铁素体中脱溶的自由能变化为：

$$\Delta G^{\alpha' \to \alpha'' + Fe_3C} = RT \left[x_{\alpha'} \ln \frac{(3 - z_\alpha x_{\alpha'}) x_{\alpha''}}{(3 - z_\alpha x_{\alpha''}) x_{\alpha'}} + \frac{3(1 - x_{\alpha'})}{z_\alpha - 3} \ln \frac{(3 - z_\alpha x_{\alpha''})(1 - x_{\alpha'})}{(3 - z_\alpha x_{\alpha'})(1 - x_{\alpha''})} \right]$$

$$\tag{4-25}$$

将活度表达式（4-5）~式（4-8）同时代入式（4-19），得到 LFG 模型中渗碳体从过饱和铁素体中脱溶的自由能变化为：

$$\Delta G^{\alpha' \to \alpha'' + Fe_3C} = RT \left\{ x_{\alpha'} \left[3\ln \frac{(3 - 4x_{\alpha''}) x_{\alpha'}}{(3 - 4x_{\alpha'}) x_{\alpha''}} + 4\ln \frac{(\delta_{\alpha''} - 3 + 5x_{\alpha''})(\delta_{\alpha'} + 3 - 5x_{\alpha'})}{(\delta_{\alpha''} + 3 - 5x_{\alpha''})(\delta_{\alpha'} - 3 + 5x_{\alpha'})} \right] + \right.$$

$$(1 - x_{\alpha'}) \left\{ 9\ln \frac{(1 - x_{\alpha''})(3 - 4x_{\alpha'})}{(1 - x_{\alpha'})(3 - 4x_{\alpha''})} + \right.$$

$$\left. \left. 12\ln \frac{[3(1 - 2J_\alpha) + (8J_\alpha - 3) x_{\alpha''} - \delta_{\alpha''}](4x_{\alpha'} - 3)}{[3(1 - 2J_\alpha) + (8J_\alpha - 3) x_{\alpha'} - \delta_{\alpha'}](4x_{\alpha''} - 3)} \right\} \right\}$$

$$\tag{4-26}$$

4.4 过冷奥氏体的相变驱动力的计算与分析

根据相变驱动力的计算公式，对 Fe-C 合金的过冷奥氏体相变的三种可能相变机制的驱动力进行计算。计算的成分分别为本章所用实验钢的成分（质量分数，%）Fe-0.04C、Fe-0.17C、Fe-0.33C 和 Fe-0.5C。计算时，以上四种实验钢成分采用的碳原子摩尔分数 x_{γ} 分别为 0.0019、0.0079、0.0152 和 0.0229。

4.4.1 先共析铁素体转变

采用 Kaufman 和 Mogutnov 的 $\Delta G_{Fe}^{\gamma \to \alpha}$ 值，应用式（4-13）和式（4-14）求得先共析铁素体析出的驱动力 $\Delta G^{\gamma \to \alpha + \gamma_1}$，如图 4-3 ~ 图 4-5 所示。这里应当指出的是，碳原子交互作用能 w_γ 的测量数据不完全一致。Darken 得到的 w_γ 约为 6285 J/mol，SBA 由 LFG/MD 模型以 CO/CO$_2$ 数据求得 w_γ 约为 8054 J/mol，以 CH$_4$/H$_2$ 数据求得的 w_γ 约为 1739 J/mol。徐祖耀等人利用活度与温度的关系，将不同温度的实验数据换算成同温度的数据，以回归方法求得 KRC 模型的 w_γ 约为 1250J/mol，LFG 模型的 w_γ 约为 1380J/mol。为了对比说明，这里分别采用各个 w_γ 数据中的最大值和最小值进行计算。

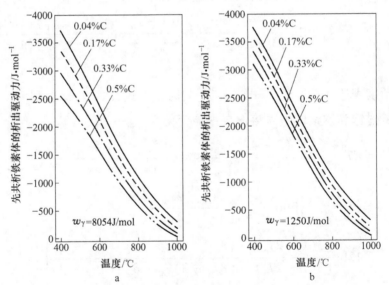

图 4-3 采用 Kaufman 的 $\Delta G_{Fe}^{\gamma \to \alpha}$ 值由 KRC 模型计算的 $\Delta G^{\gamma \to \alpha + \gamma_1}$

a—$w_\gamma = 8054$J/mol；b—$w_\gamma = 1250$J/mol

如图 4-3 所示，采用 $w_\gamma = 1250$J/mol 计算得到的先共析铁素体析出驱动力要略高于采用 $w_\gamma = 8054$J/mol 的计算值，但影响不大，本章其他驱动力的计算过程中统一采用 $w_\gamma = 8054$ J/mol 这一数值。如图 4-4 和图 4-5 所示，在采用相同 w_γ 值的情况下，KRC 模型和 LFG 模型采用 Mogutnov 的 $\Delta G_{Fe}^{\gamma \to \alpha}$ 值计算的先共析铁素体析出驱动力要高于采用 Kaufman 的 $\Delta G_{Fe}^{\gamma \to \alpha}$ 值得到的驱动力。

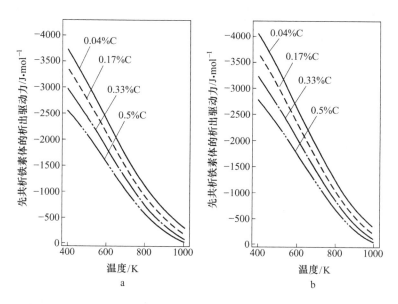

图 4-4 由 KRC 模型应用 Kaufman（a）和 Mogutnov（b）的 $\Delta G_{Fe}^{\gamma \to \alpha}$ 值计算的 $\Delta G^{\gamma \to \alpha+\gamma_1}$

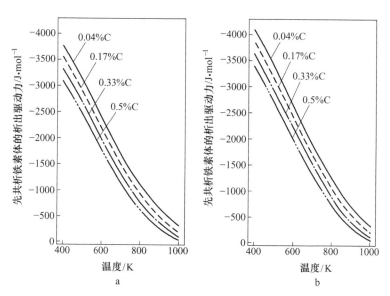

图 4-5 由 LFG 模型应用 Kaufman（a）和 Mogutnov（b）的 $\Delta G_{Fe}^{\gamma \to \alpha}$ 值计算的 $\Delta G^{\gamma \to \alpha+\gamma_1}$

4.4.2 退化珠光体型转变

退化珠光体型转变，奥氏体分解为平衡浓度的渗碳体和铁素体，利用

Kaufman 和 Mogutnov 的 $\Delta G_{Fe}^{\gamma\to\alpha}$ 值，应用 KRC 模型的式（4-17）求得退化珠光体转变的驱动力如图 4-6 所示。

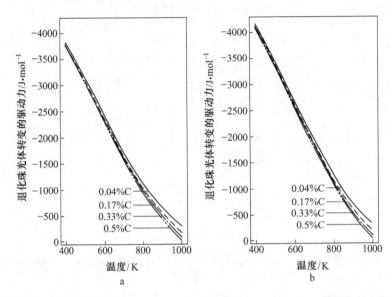

图 4-6 由 KRC 模型应用 Kaufman（a）和 Mogutnov（b）的 $\Delta G_{Fe}^{\gamma\to\alpha}$ 值计算的 $\Delta G^{\gamma\to\alpha+Fe_3C}$

从图 4-6 中可以看出，四种实验钢的退化珠光体型转变驱动力随着温度的下降而升高，随着碳含量升高而降低，但幅度下降并不明显，只是在高温区略有差别。采用 Mogutnov 的 $\Delta G_{Fe}^{\gamma\to\alpha}$ 值求得的 $\Delta G^{\gamma\to\alpha+Fe_3C}$ 数值更高一下，但基本趋势相同。

采用 LFG 模型公式（4-18）计算奥氏体分解铁素体和渗碳体驱动力 $\Delta G^{\gamma\to\alpha+Fe_3C}$ 的数值与采用 KRC 模型计算所得数值基本一致，这里就不再重复画出。

图 4-7 列出了 LFG 模应用 Kaufman 的 $\Delta G_{Fe}^{\gamma\to\alpha}$ 值计算不同碳摩尔分数的奥氏体在不同温度下分解为铁素体和渗碳体驱动力的 $\Delta G^{\gamma\to\alpha+Fe_3C}$。可以看出，在同一温度下，不同碳含量的 $\Delta G^{\gamma\to\alpha+Fe_3C}$ 值相差不大，但总体的趋势是先随着碳浓度的升高减小，大约在碳原子摩尔分数大于 0.025 时，又随着碳浓度的升高而增大。这说明，同一温度下，不同碳含量的碳钢中，在碳原子摩尔分数为 0.025（质量分数为 0.55%）附近的碳钢发生退化珠光体转变的驱动力最小，比较而言，碳含量越小或者越高的碳钢更容易发生退化珠光体转变。

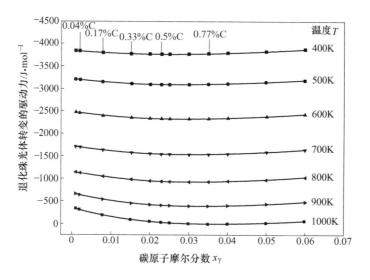

图 4-7 由 LFG 模型应用 Kaufman 的 $\Delta G_{Fe}^{\gamma \to \alpha}$ 计算不同碳含量的 $\Delta G^{\gamma \to \alpha + Fe_3C}$

4.4.3 马氏体型转变

马氏体型转变是过冷奥氏体转变为同成分的铁素体。利用 Kaufman 给出的 $\Delta G_{Fe}^{\gamma \to \alpha}$ 值，由式（4-20）所求 KRC 模型的马氏体型转变驱动力 $\Delta G^{\gamma \to \alpha}$ 如图 4-8 所示。

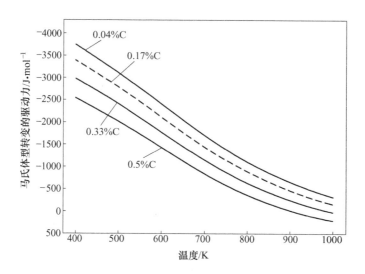

图 4-8 由 KRC 模型应用 Kaufman 的 $\Delta G_{Fe}^{\gamma \to \alpha}$ 值计算的 $\Delta G^{\gamma \to \alpha}$

应用式（4-21）利用 Kaufman 和 Mogutnov 的 $\Delta G_{Fe}^{\gamma\to\alpha}$ 值求得 LFG 模型的马氏体型转变驱动力如图 4-9 所示。

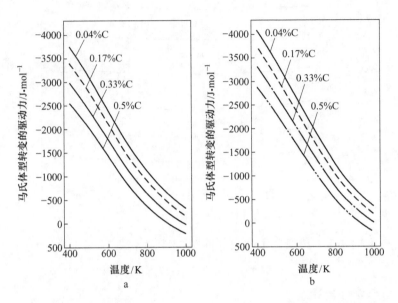

图 4-9 由 LFG 模型应用 Kaufman（a）和 Mogutnov（b）的 $\Delta G_{Fe}^{\gamma\to\alpha}$ 值计算的 $\Delta G^{\gamma\to\alpha}$

比较图 4-8 和图 4-9 可以看出，$\Delta G_{Fe}^{\gamma\to\alpha}$ 值相同的情况下，KRC 和 LFG 模型计算的马氏体型转变驱动力 $\Delta G^{\gamma\to\alpha}$ 相差不大。应用不同的 $\Delta G_{Fe}^{\gamma\to\alpha}$ 值，计算结果相差较大一些，使用 Mogutnov 的数值得到的驱动力负值更大一些。

两个模型得到的马氏体型转变驱动力总体的趋势基本相同，都是随着温度的下降逐渐升高，并且马氏体型转变驱动力随碳含量的增加有比较明显的下降，即在相同温度下，碳含量较高的碳钢发生马氏体型转变的驱动力较小。高碳钢的马氏体型转变驱动力数值较低，在高温区内已经开始出现了正值。

4.5 热轧实验中相变行为的热力学分析

在热力学模型计算提供理论依据的基础上，对 C 含量分别为 0.04%、0.17%、0.33% 和 0.5% 的四种亚共析钢材料的过冷奥氏体的三种可能相变机制的驱动力 $\Delta G^{\gamma\to\alpha+\gamma_1}$、$\Delta G^{\gamma\to\alpha+Fe_3C}$ 和 $\Delta G^{\gamma\to\alpha}$ 进行计算和比较，并对超快速冷却条件下的相变行为进行热力学分析。4 种实验钢其他的化学成分为 0.2%Si、0.7%Mn、0.004% P、0.001%S、0.002%N，Fe 余量，无微合金元素添加。

其中 Si 为非碳化物形成元素，Mn 为弱碳化物形成元素，二者的添加对渗碳体析出影响不大，而且添加量较少，几乎完全溶解于铁素体和奥氏体中，主要起到细化晶粒和固溶强化的作用。其他元素则是炼钢时的残余元素。

图 4-10 所示是由 KRC 模型和 LFG 模型计算 Fe-0.04%C 的相变驱动力。可以看出，0.04%C 钢的三种可能相变机制的驱动力曲线基本重合在一起，说明三种机制对 0.04%C 钢的影响相差不大，效果基本相同，退化珠光体相变的驱动力并没有明显优势，因此很难生成弥散析出的纳米渗碳体。

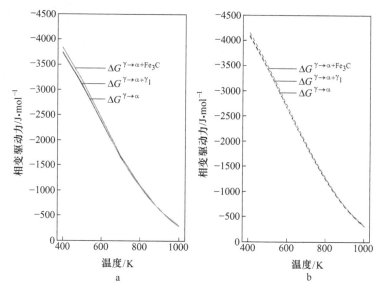

图 4-10　由 KRC（a）和 LFG（b）模型计算的 0.04%C 钢相变驱动力

在实际热轧实验过程中，0.04%C 钢在超快速冷却条件下的室温组织中，绝大部分为块状的先共析铁素体，由于先共析铁素体碳含量很低，因此内部非常纯净，无碳化物析出，如图 4-11a 所示。由于 0.04%C 钢成分中碳含量很低，因此只有少量组织发生退化珠光体相变，并且主要集中在晶界处如图4-11b所示。

图 4-12 所示是由 KRC 模型和 LFG 模型计算的 Fe-0.17%C 的相变驱动力。通过与图 4-10 的比较发现，随着碳含量的增加，$\Delta G^{\gamma \rightarrow \alpha + Fe_3C}$ 数值变化不大，而 $\Delta G^{\gamma \rightarrow \alpha + \gamma_1}$ 和 $\Delta G^{\gamma \rightarrow \alpha}$ 的数值则有明显的下降，三条曲线逐渐分开，0.17%C 钢的退化珠光体相变存在一定的优势，但先共析铁素体和马氏体型转变的驱动力相差不大，因此三种转变很有可能发生。

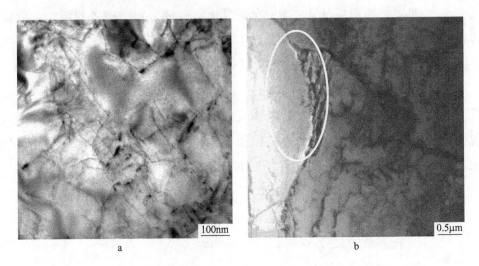

图 4-11　0.04%C 钢在超快速冷却终冷温度为 600℃条件下的透射组织

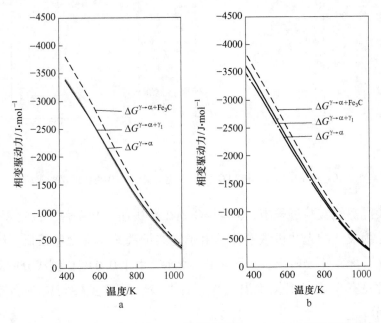

图 4-12　由 KRC（a）和 LFG（b）模型计算的 Fe-0.17%C 钢相变驱动力

　　考虑到亚共析钢三种相变驱动力的差异并不大，而且实际热轧组织内部冷却条件存在差异性，因此，三种相变的组织在超快冷条件下均可能有出现，组织相变呈现多样性。图 4-13a 和 b 为 0.17%C 钢在超快速冷却条件下发生退化珠光体相变后生成的有大量纳米级渗碳体弥散分布的区域，并且渗碳体的纳米析出区域存在不均匀性。图4-13c 所示为 0.17%C 钢热轧后组织内部的先共析铁素体组织，内部非常纯净，无碳化物析出。图4-13d 所示为 0.17%C 钢中板条状的组织，由于组织内部冷却条件不一致，导致部分冷却过快的区域，通过马氏体型转变的切变形式形成板条组织，在板条间发现有渗碳体析出。

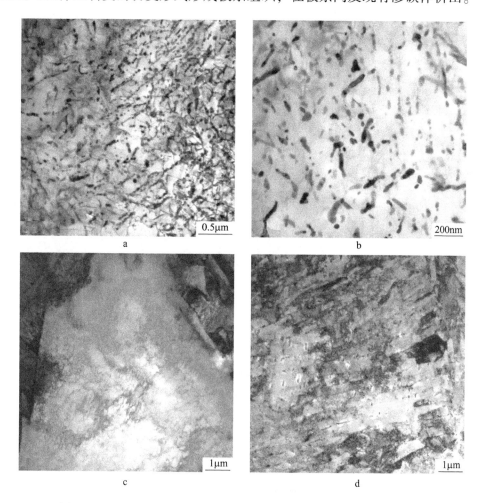

图 4-13   0.17%C 钢在超快速冷却终冷温度为 600℃ 条件下的透射组织

图 4-14 所示是由 KRC 模型和 LFG 模型计算的 Fe-0.33%C 的相变驱动力。随着碳含量进一步增加，三条曲线分开更加明显，0.33%C 钢的退化珠光体相变存在比较明显的优势，特别在低温区，但温度在 900K 以上时，$\Delta G^{\gamma \rightarrow \alpha + \gamma_1}$ 和 $\Delta G^{\gamma \rightarrow \alpha + Fe_3C}$ 的驱动力相差不大，容易发生先共析铁素体相变和退化珠光体转变。温度低于 700K 附近，$\Delta G^{\gamma \rightarrow \alpha}$ 的数值已经和 $\Delta G^{\gamma \rightarrow \alpha + \gamma_1}$ 相当，马氏体型类型

转变也更加容易进行。

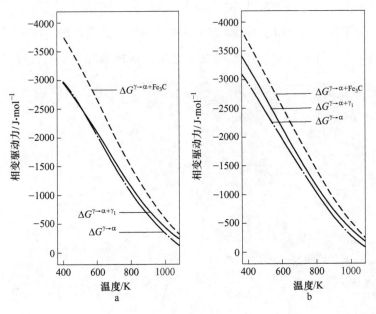

图 4-14　由 KRC（a）和 LFG（b）模型计算的 Fe-0.33%C 钢相变驱动力

　　与 0.17%C 钢类似，热轧实验中，在超快冷条件下三种相变的组织在 0.33%C 钢中均有发现，组织依然呈现多样性。图 4-15 所示为超快速冷却条件下 0.33%C 钢的透射组织。

　　图 4-15a 和 b 为 0.33%C 钢发生退化珠光体相变后生成的纳米级渗碳体析出区域。渗碳体的纳米析出区域同样存在不均匀性，但是由于 0.33%C 钢中的碳含量更高，因此组织中发生退化珠光体的比例要远高于 0.17%C 钢。图 4-15 c 为 0.33%C 钢热轧后组织内部的先共析铁素体组织，内部非常纯净，无碳化物析出。图 4-15 d 为 0.33%C 钢中的板条状组织，由于组织内部冷却条件不一致，导致部分冷却过快的区域而形成板条组织，在板条间发现有渗碳体析出，并与板条呈现一定夹角，多为 50°~60°。

　　图 4-16 所示是由 KRC 模型和 LFG 模型计算的 Fe-0.5%C 的相变驱动力。从计算的结果可以看出，三条曲线已经明显分开，0.5%C 钢的退化珠光体相变存在非常大的优势，比较三种转变形式，退化珠光体转变非常容易发生，而先共析铁素体相变和马氏体型转变则相对更难发生。

　　在热轧实验中，0.5%C 实验钢在超快冷条件下先共析铁素体相变受到抑

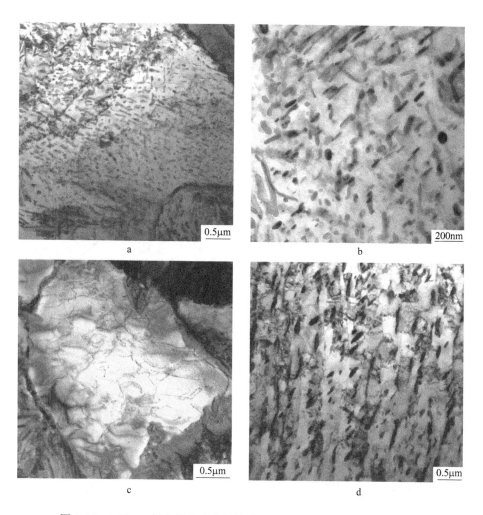

图 4-15 0.33%C 钢在超快速冷却终冷温度为 600℃条件下的透射组织

制，组织比例非常小，如图 4-17a 所示，黑色区域为先共析铁素体区域，白色区域为珠光体区。由于 0.5%C 实验钢含碳量较大，更加接近共析转变成分，而且相变对碳的扩散需求不大，易于长大形成连续的碳化物组织，因此相变时很容易生成片层状的伪共析组织，而不是以纳米颗粒的形式析出。图 4-17b 所示为 0.5%C 钢在超快速冷却条件下形成的伪共析组织，渗碳体呈片层状生长。

对于实际的热轧过程，终冷温度一般在 500℃左右，从上述计算结果中已经可以看出，在温度高于 700K 的时候，过冷奥氏体以退化珠光体方式转变

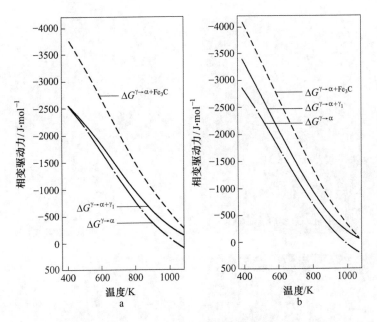

图 4-16 由 KRC（a）和 LFG（b）模型计算的 Fe-0.5%C 钢相变驱动力

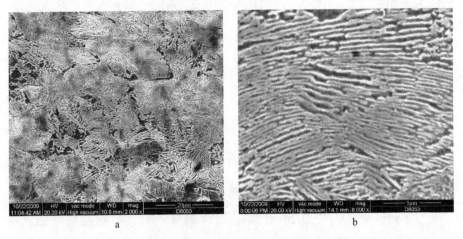

图 4-17 0.5%C 钢在超快速冷却终冷温度为 600℃ 条件下的扫描组织

（γ→α+Fe₃C）的驱动力最大（负中最多），以先共析铁素体式方转变 γ→α+γ₁ 的驱动力次之，以马氏体型相变方式转变（γ→α′）的驱动力最小。这表明，从热力学的角度分析，过冷奥氏体分解为平衡相铁素体及渗碳体的可能性最大。

4.6 铁碳合金中碳和铁的相界成分计算

对于亚共析钢而言，如果局部组织发生了先共析铁素体转变，碳会发生上坡扩散，导致 α/γ 相界上碳在奥氏体中的平衡浓度升高，使部分奥氏体碳浓度高于初始的组织浓度，而热力学在相变领域的另外一个重要应用就是可以计算相图中相界成分。在 α/γ 相界成分处，铁（或碳）在奥氏体中的偏摩尔自由能应等于铁（或碳）在铁素体中的偏摩尔自由能，才能保持两相平衡。

4.6.1 KRC 模型

根据两相平衡时，

$$\overline{G}_{Fe}^{\alpha/\gamma} = \overline{G}_{Fe}^{\gamma/\alpha} \tag{4-27}$$

$$G_{Fe}^{\alpha} + RT \ln a_{Fe}^{\alpha/\gamma} = G_{Fe}^{\gamma} + RT \ln a_{Fe}^{\gamma/\alpha} \tag{4-28}$$

式中　G_{Fe}^{α}，G_{Fe}^{γ}——分别为纯 Fe 在铁素体和奥氏体中的自由能；

　　　$a_{Fe}^{\alpha/\gamma}$——α/γ 相界上铁在铁素体内的活度；

　　　$a_{Fe}^{\gamma/\alpha}$——α/γ 相界上铁在奥氏体内的活度。

由于铁素体中铁的浓度非常大，$a_{Fe}^{\alpha/\gamma}$ 值接近于 1，因此：

$$G_{Fe}^{\alpha} - G_{Fe}^{\gamma} = RT \ln a_{Fe}^{\gamma/\alpha} \tag{4-29}$$

$$\Delta G_{Fe}^{\gamma \to \alpha} = RT \ln a_{Fe}^{\gamma/\alpha} \tag{4-30}$$

式中　$\Delta G_{Fe}^{\gamma \to \alpha}$——纯铁 γ→α 相变自由能。

根据式（4-3）得：

$$a_{Fe}^{\gamma/\alpha} = \frac{1}{z_\gamma - 1} \ln\left(\frac{1 - z_\gamma x_\gamma^{\gamma/\alpha}}{1 - x_\gamma^{\gamma/\alpha}}\right) \tag{4-31}$$

式中　$x_\gamma^{\gamma/\alpha}$——α/γ 相界上碳在奥氏体中的摩尔分数。

将式（4-31）代入式（4-30）中，得：

$$x_\gamma^{\gamma/\alpha} = \frac{1 - e^{\varphi}}{z_\gamma - e^{\varphi}} \tag{4-32}$$

利用碳在 α/γ 相界上的平衡，得：

$$\overline{G}_C^{\alpha/\gamma} = \overline{G}_C^{\gamma/\alpha} \tag{4-33}$$

取石墨为标准态，可得：

$$\ln a_C^{\alpha/\gamma} = \ln a_C^{\gamma/\alpha} \tag{4-34}$$

式中 $a_C^{\alpha/\gamma}$——α/γ 相界上碳在铁素体内的活度；

$a_C^{\gamma/\alpha}$——α/γ 相界上铁在奥氏体内的活度。

将式（4-1）和式（4-2）代入式（4-34），可以导出 α/γ 相界上碳在铁素体中的摩尔分数 $x_\alpha^{\alpha/\gamma}$：

$$x_\alpha^{\alpha/\gamma} = \frac{3\tau}{1 + z_\alpha \tau} \tag{4-35}$$

式中
$$\tau = \frac{1 - e^\varphi}{(z_\gamma - 1)e^\varphi} \times \exp\left[\frac{(\Delta\overline{H}_\gamma - \Delta\overline{H}_\alpha) - (\Delta\overline{S}_\gamma^{xs} - \Delta\overline{S}_\alpha^{xs})T}{RT}\right]$$

4.6.2 LFG 模型

由于 LFG 模型与 KRC 模型活度表达式有所不同，故推导出的计算相界成分的公式也不相同。

按照 LFG 模型，ADP 得到的 α/γ 界面上的相界成分 $x_\gamma^{\gamma/\alpha}$ 可由式（4-36）求出：

$$\Delta G_{Fe}^{\gamma \to \alpha} = RT\left[5\ln\frac{1 - x_\gamma^{\gamma/\alpha}}{1 - 2x_\gamma^{\gamma/\alpha}} + 6\ln\frac{1 - 2J_\gamma + (4J_\gamma - 1)x_\gamma^{\gamma/\alpha} - \delta_\gamma^{\gamma/\alpha}}{2J_\gamma(2x_\gamma^{\gamma/\alpha} - 1)}\right] \tag{4-36}$$

式中：$\delta_\gamma^{\gamma/\alpha} = [1 - 2(1 + 2J_\gamma)x_\gamma^{\gamma/\alpha} + (1 + 8J_\gamma)(x_\gamma^{\gamma/\alpha})^2]^{1/2}$，$x_\gamma^{\gamma/\alpha}$ 可以通过式（4-36）用试探法求出。

根据相界平衡条件，α/γ 相界上碳在铁素体中的相界成分 $x_\alpha^{\alpha/\gamma}$ 应满足：

$$3\ln\frac{3 - 4x_\alpha^{\alpha/\gamma}}{x_\alpha^{\alpha/\gamma}} + 4\ln\frac{\delta_\alpha^{\alpha/\gamma} - 3 + 5x_\alpha^{\alpha/\gamma}}{\delta_\alpha^{\alpha/\gamma} + 3 - 5x_\alpha^{\alpha/\gamma}}$$

$$= 5\ln\frac{1 - 2x_\gamma^{\gamma/\alpha}}{x_\gamma^{\gamma/\alpha}} + 6\ln\frac{\delta_\gamma^{\gamma/\alpha} - 1 + 3x_\gamma^{\gamma/\alpha}}{\delta_\gamma^{\gamma/\alpha} + 1 - 3x_\gamma^{\gamma/\alpha}} + \tag{4-37}$$

$$[(\Delta\overline{H}_\gamma - \Delta\overline{H}_\alpha) - (\Delta\overline{S}_\gamma^{xs} - \Delta\overline{S}_\alpha^{xs})T + 6w_\gamma - 4w_\alpha]/RT$$

式中 $\delta_\alpha^{\alpha/\gamma} = [9 - 6(3 + 2J_\alpha)x_\alpha^{\alpha/\gamma} + (9 + 16J_\alpha)(x_\alpha^{\alpha/\gamma})^2]^{1/2}$

可将式（4-36）求得的 $x_\gamma^{\gamma/\alpha}$ 代入式（4-37），由试探法求解 $x_\alpha^{\alpha/\gamma}$。

4.6.3 MD 模型

MD 模型计算 α/γ 界面上碳在奥氏体中的相界成分 $x_\gamma^{\gamma/\alpha}$ 的表达式与 LFG

模型的相同。MD 模型中 α/γ 相界上碳在铁素体中的相界成分 $x_\alpha^{\alpha/\gamma}$ 可由式（4-38）计算得到：

$$
7\ln\frac{3-4x_\alpha^{\alpha/\gamma}}{x_\alpha^{\alpha/\gamma}} + 4\ln\frac{\delta_\alpha^{\alpha/\gamma}-3+(3+2J_\alpha)x_\alpha^{\alpha/\gamma}}{\delta_\alpha^{\alpha/\gamma}-3+6J_\alpha+(3-8J_\alpha)x_\alpha^{\alpha/\gamma}}
$$

$$
= 11\ln\frac{1-2x_\gamma^{\gamma/\alpha}}{x_\gamma^{\gamma/\alpha}} + 6\ln\frac{\delta_\gamma^{\gamma/\alpha}-1+(1+2J_\gamma)x_\gamma^{\gamma/\alpha}}{\delta_\gamma^{\gamma/\alpha}-1+2J_\gamma+(1-4J_\gamma)x_\gamma^{\gamma/\alpha}} + \tag{4-38}
$$

$$
\left[(\Delta\overline{H}_\gamma-\Delta\overline{H}_\alpha)-(\Delta\overline{S}_\gamma^{xs}-\Delta\overline{S}_\alpha^{xs})T+6w_\gamma-4w_\alpha\right]/RT
$$

4.6.4 相界成分的计算

应当指出的是，过冷奥氏体发生先共析铁素体相变时，为了使碳在奥氏体中的偏摩尔自由能和碳在铁素体中的偏摩尔自由能相等，碳原子会发生上坡扩散，使 α/γ 相界成分处，碳在奥氏体中的浓度升高，高于其原始的碳浓度，形成碳的平衡浓度。

应用式（4-32）和式（4-36）计算出 KRC 模型和 LFG 模型在不同温度条件下碳在奥氏体中的平衡浓度 $x_\gamma^{\gamma/\alpha}$，见表 4-2。将由 Kaufman 的 $\Delta G_{Fe}^{\gamma\to\alpha}$ 值计算的平衡浓度 $x_\gamma^{\gamma/\alpha}$ 绘成图 4-18。

表 4-2 碳在奥氏体中的平衡浓度 $x_\gamma^{\gamma/\alpha}$

$w_\gamma=8054\mathrm{J/mol}$		温度/K						
		400	500	600	700	800	900	1000
Kaufman 的	KRC 模型	0.0773	0.0814	0.0857	0.0867	0.0791	0.0592	0.0360
$\Delta G_{Fe}^{\gamma\to\alpha}$ 值	LFG 模型	0.2208	0.1964	0.1672	0.1323	0.0991	0.0646	0.0369
Mogutnov 的	KRC 模型	0.0773	0.0815	0.0859	0.0881	0.0819	0.0613	0.0373
$\Delta G_{Fe}^{\gamma\to\alpha}$ 值	LFG 模型	0.2270	0.2031	0.1740	0.1414	0.1055	0.0675	0.0382

可以看出，在相界上 C 在奥氏体中的平衡浓度 $x_\gamma^{\gamma/\alpha}$ 与原始实验钢的成分无关，只是温度的函数。如图 4-18 所示，LFG 模型中 $x_\gamma^{\gamma/\alpha}$ 随着温度的升高接近于线性降低，而且降低趋势很明显；KRC 模型计算的 $x_\gamma^{\gamma/\alpha}$ 先随温度的升高而升高，大约在 680K 以上，又随温度的升高而下降。在高温时，KRC 模型和 LFG 模型的结果很接近，特别是 KRC 模型采用 Darken[62] 的 w_γ 值（6285J/mol）时，重合度更高。但在低温时，两者变化趋势不同，离散较大，例如在

500K 时，KRC 模型得到的 $x_\gamma^{\gamma/\alpha}$ 约为 0.08，而由 LFG 模型得到的 $x_\gamma^{\gamma/\alpha}$ 则接近于 0.2，二者相差结果很大。

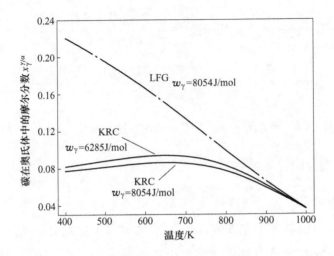

图 4-18 α/γ 相界上 C 在奥氏体中的摩尔分数 $x_\gamma^{\gamma/\alpha}$

　　然而分别将 KRC 模型和 LFG 模型得到的 $x_\gamma^{\gamma/\alpha}$ 代入先共析铁素体驱动力的计算公式得到的驱动力计算结果数值相差不大，如图 4-19 所示。这是因为计算 ΔG 时主要是自然对数值控制，而计算 $x_\gamma^{\gamma/\alpha}$ 时主要是指数值控制，因此会出现较大的差别。

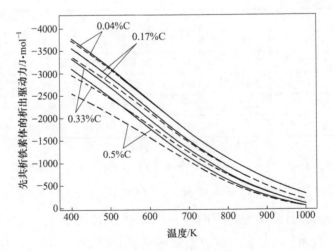

图 4-19 由 KRC（－－－线）和 LFG（———线）模型应用 Kaufman
的 $\Delta G_{Fe}^{\gamma \to \alpha}$ 的值计算的 $\Delta G^{\gamma \to \alpha + \gamma_1}$ 值

从上述的相界成分的计算中可以发现，对于亚共析钢而言，由于局部组织中先共析铁素体的析出，使得组织内形成了部分高浓度的过冷奥氏体，根据图 4-18 所示，这部分奥氏体局部 C 的摩尔分数可达到 0.04% ~ 0.08%，甚至更高，远高于初始浓度，因此需要对这部分高浓度的过冷奥氏体重新进行驱动力计算。由 LFG 模型应用 Mogutnov 的 $\Delta G_{Fe}^{\gamma \rightarrow \alpha}$ 值对相变驱动力的计算结果如图 4-20 所示。

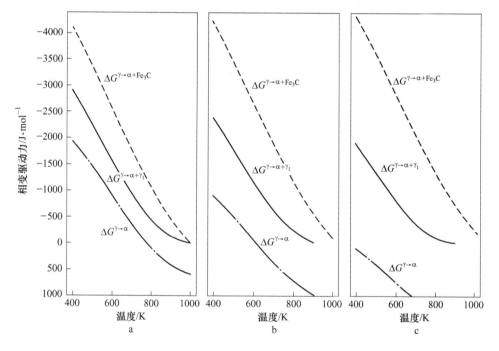

图 4-20　不同 x_γ 下由 LFG 模型计算的相变驱动力

a—$x_\gamma = 0.04$；b—$x_\gamma = 0.06$；c—$x_\gamma = 0.08$

从图 4-20 可以看出，对于高浓度的过冷奥氏体而言，三条相变曲线明显分开，三种相变机制的驱动力数值相差更大。从相变机制判别，$\Delta G^{\gamma \rightarrow \alpha}$ 驱动力远小于 $\Delta G^{\gamma \rightarrow \alpha + \gamma_1}$ 和 $\Delta G^{\gamma \rightarrow \alpha + Fe_3C}$，甚至在很大的温度区间内出现正值，说明由奥氏体转变为同成分的铁素体过程较难实现。由于 $\Delta G^{\gamma \rightarrow \alpha + Fe_3C}$ 的绝对值最大，表明这部分高浓度的奥氏体分解成较稳定的铁素体和渗碳体这一过程更易进行。

图 4-21 所示为 0.33%C 钢中渗碳体在晶界处分布的 TEM 像。图中左下角为纯净的先共析铁素体组织，内部无渗碳体析出，在靠近先共析铁素体晶界

附近的区域内，纳米渗碳体析出的体积分数要明显高于原奥氏体晶粒内部的体积分数。因此在先共析铁素体区附近的高 C 浓度的奥氏体区内，更容易形成弥散析出的渗碳体，这也解释了纳米级渗碳体分布的不均匀性。

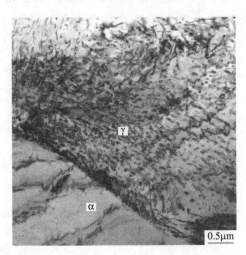

图 4-21 在 0.33%C 钢中 α/γ 晶界附近纳米渗碳体的分布情况

4.7 小结

（1）在三种机制中，过冷奥氏体以退化珠光体方式转变的驱动力随碳含量变化影响最小，在相同温度条件下，退化珠光体的转变驱动力最大，是最有可能发生的相变过程；但实际冷却过程中，相变呈现多样性，三种相变的组织均有可能出现。

（2）过冷奥氏体组织发生退化珠光体转变分解生成平衡浓度的渗碳体和铁素体，在超快速冷却的条件下，碳原子的扩散将受到抑制，在短时间内渗碳体将无法充分长大成片层结构而直接形成弥散分布的纳米级颗粒。

（3）纳米渗碳体析出呈现局域性。根据平衡浓度计算，在过冷奥氏体组织中先共析铁素体附近存在大量的富 C 区，局部 C 的摩尔分数可达到 0.04～0.08，这部分高浓度的奥氏体分解析出纳米级渗碳体的倾向性更大。

5 超快冷条件下碳素钢中渗碳体的析出行为研究

轧后加速冷却作为提高钢铁材料性能和实现钢种开发的重要工艺手段，在钢铁生产中发挥着重要作用[63~67]。目前，随着先进钢铁材料的开发研究，为了获得所需的微观组织形态和力学性能，要求实现快速有效的轧后冷却，使得对钢材冷却过程中的温度控制要求更趋严格[68~71]。但是现有轧线冷却能力不足经常制约了一些有特殊冷却要求钢材的轧制生产节奏。因此，超快速冷却（ultra fast cooling，UFC）技术由于其短时快速准确控温的特点受到国内外广泛的关注。该工艺在热轧工艺过程中常与缓冷技术相配合使用，用以开发新的钢种，提高产品的力学性能[72~77]。

在碳素结构钢中，铁素体和渗碳体是最为常见和最为重要的组织，因此通过轧后超快速冷却技术在过冷状态下实现铁素体和渗碳体在组织中结构和分布等方面的改善，是提高材料强度的重要途径。特别是近年来，在 γ-α 相变过程中发生的渗碳体析出现象引起了更为广泛的关注，渗碳体对钢铁材料的第二相强化作用也引起了更多的重视[78~80]。

在本章的热轧实验中，以实验室现有的实验设备条件为基础，并依据第4章的热力学计算结果，针对4种不同碳含量的实验钢，在热轧变形后将超快冷工艺和传统层流工艺相结合，研究了相同冷却工艺参数对实验钢渗碳体析出行为的影响，分析了超快速冷却对不同碳含量的实验钢的强化方式和强化效果，得到了超快速冷却及碳含量对碳锰钢组织和力学性能的影响规律。

5.1 热轧实验材料与设备

热轧实验材料为真空感应炉冶炼的亚共析钢坯料，浇铸成钢锭后被锻造成厚度为70mm的板坯，其化学成分见表5-1，四种实验钢的碳含量逐渐增加，成分中无微合金元素添加。硅的添加有利于形成细化的等轴先共析铁素

表 5-1 实验用钢的化学成分（质量分数，%）

钢坯编号	C	Si	Mn	P	S	N
I	0.04	0.19	0.70	0.009	0.002	0.0035
II	0.17	0.18	0.70	0.008	0.002	0.0035
III	0.33	0.18	0.71	0.004	0.001	0.0020
IV	0.50	0.20	0.69	0.010	0.005	0.0041

体[81]。锰可以通过降低奥氏体向铁素体的转变温度（A_{r3}）来避免细化的碳化物长大[82]。

轧制实验在 ϕ450mm 两辊可逆轧机上进行，高温热轧后的冷却装置包括超快速冷却器和普通层流冷却器，为模拟实验钢轧制后的加速冷却提供了便利条件。在热轧后的冷却过程中，通过红外线测温仪对冷却过程中板材表面温度进行测定，时间的测定通过万用秒表进行。

5.2 热轧工艺的制定

依据实验钢的 CCT 曲线设计的热轧工艺如图 5-1 所示。在奥氏体区间，趁热打铁，在较高的温度区间完成连续大变形和应变积累，得到硬化奥氏体；在热轧后立即进行超快速冷却，使实验钢迅速通过奥氏体相区，保持奥氏体硬化状态；在奥氏体向铁素体相变的动态相变点附近终止冷却，随后采用 ACC 层流冷却进入珠光体区，通过调整冷却路径来控制珠光体转变后渗碳体的形态和分布，最终达到实现第二相强化的目的。

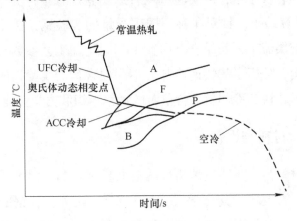

图 5-1 热轧工艺设计思路

图 5-2 所示为热轧工艺示意图。将板坯在 K010 箱式炉中加热至 1200℃，保温 1h 后进行 9 道次热轧，终轧后板坯厚度为 6mm，总变形量超过 90%，轧制道次的压下规程见表 5-2。实验钢开轧温度大约为 1100℃，终轧温度为 890℃，轧制结束后，采用超快速冷却以 100~120℃/s 的速率过冷到 600~650℃；然后采用层流冷却缓慢冷却至 500℃ 左右，层流冷却的速率为 20~50℃/s；随后模拟工业生产中的冷床上冷却，将板材放入铺有石棉毡的铁箱内进行缓冷到室温。部分工艺在终轧温度 890℃ 后，未采用超快速冷却，而是直接采用层流冷却至 500℃，该工艺的超快速冷却的终冷温度为 890℃。

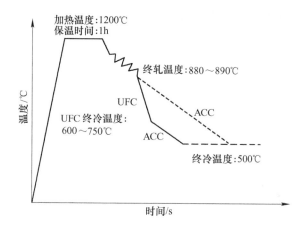

图 5-2　热轧工艺示意图

表 5-2　热轧轧制规程

道　次	厚度/mm	压下量/mm	压下率/%
1	70	10	14.3
2	60	12	20.0
3	48	13	27.1
4	35	10	28.6
5	25	7.5	30.0
6	17.5	5	28.6
7	12.5	3.5	28.0
8	9	2	22.2
9	7	1	14.3

5.3 实验方法

热轧后沿板坯的轧制方向纵向制成试样，用 LEICA DMIRM 金相显微镜、FEI Quanta600 扫描电镜（SEM）和 Tecnai G2 F20 透射电镜（TEM）进行剖面的显微组织观察。金相试样和 SEM 试样在磨制抛光后采用 4%硝酸酒精溶液腐蚀制成。TEM 试样采用双喷减薄法制备，先用线切割切割成约 300μm 厚的试样，然后机械减薄至 50μm 厚，再双喷电解减薄，电解液为 10%（体积分数）高氯酸酒精溶液，减薄温度为−25℃，减薄电压为 30V、电流为 45mA。

根据 GB/T 228—2002 在室温下进行拉伸试验测量试样力学性能，拉伸试样的标距 $L_0 = 50mm$，平行端的宽度为 12.5mm，长度为 80mm，试样总长为 180mm（含夹持部分）。拉伸试验采用 6mm 全板厚的试样，拉伸方向为轧制方向，拉伸过程中拉伸速度为 5mm/min。实验钢的室温冲击试验根据 GB/T 229—1994，在摆锤式机械冲击实验机上进行。试样尺寸为 5mm×10mm×55mm V 形缺口试样，试样开口方向垂直于轧制方向。

5.4 0.04%C 实验钢结果分析

5.4.1 工艺参数和力学性能

表 5-3 为 0.04%C 实验钢热轧后不同冷却过程中的实测工艺参数。工艺 1 只进行了 ACC 层流冷却，工艺 2~工艺 6 均采用了超快冷和 ACC 层冷两阶段的冷却方式，考虑不同的超快速冷却终冷温度的影响情况。在热轧变形后对

表 5-3　0.04%C 钢的热轧实验工艺参数

工艺	终轧温度 /℃	UFC 后温度 /℃	UFC 段冷速 /℃·s⁻¹	ACC 后温度 /℃	ACC 段冷速 /℃·s⁻¹
1	890	—	—	510	20~50
2	890	770	100~120	500	20~50
3	890	720	100~120	510	20~50
4	890	680	100~120	490	20~50
5	890	650	100~120	490	20~50
6	890	600	100~120	480	20~50

板坯进入超快速冷却的时间进行控制，使得超快速冷却的终冷温度从 770～600℃逐渐降低，随后进行 ACC 层流冷却，采取了统一的卷取温度，大约在 500℃左右。

在室温条件下，将每组的工艺材料加工出 3 个拉伸试样、3 个冲击试样进行实验，对实验结果计算其平均值，得到不同工艺材料力学性能测试结果，见表 5-4。将实验用钢的力学性能数值绘图，可以更加清楚地反映各工艺间屈服强度、抗拉强度和断后伸长率的变化规律，如图 5-3 和图 5-4 所示。

表 5-4 0.04%C 钢的力学性能

工艺	R_e/MPa	R_m/MPa	R_e/R_m	$A_{50}/\%$	n 值	冲击功/J
1	287.4	376.0	0.76	39.5	0.22	236
2	289.9	377.3	0.77	42.6	0.22	222
3	303.8	384.0	0.79	36.8	0.22	216
4	305.2	390.4	0.78	36.3	0.22	248
5	311.7	405.7	0.77	31.0	0.22	220
6	313.1	392.3	0.80	33.8	0.21	250

图 5-3 所示为 0.04%C 钢强度的测试结果。可以看出，随着超快速冷却终冷温度的降低，材料的屈服强度和抗拉强度都逐渐增加，而且超快速冷却对提高屈服强度与抗拉强度的作用效果大致相当，变化趋势一致。但超快速冷却终冷温度的降低对 0.04%C 钢强度的提高程度并不大，超快速冷却终冷温

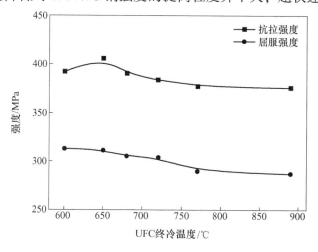

图 5-3 超快速冷却终冷温度对 0.04%C 钢强度的影响

度从 890℃ 下降到 600℃ 时，0.04%C 钢的屈服强度仅由 287MPa 上升到 313MPa，屈服强度的增量为 20~30MPa。

图 5-4 所示为断后伸长率随出超快速冷却温度的变化情况。与强度变化趋势相反，随着出超快速冷却的温度降低，0.04%C 钢的断后伸长率呈下降的趋势，降低的程度比较明显，其变化范围为 31%~42.6%。

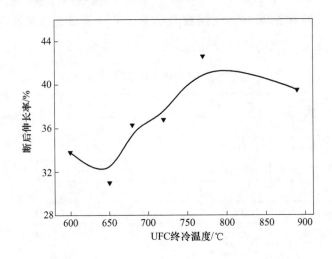

图 5-4 0.04%C 钢的断后伸长率

此外，0.04%C 钢的其他力学性能参数，如屈强比、n 值和室温冲击功，随超快速冷却终冷温度的降低，变化程度不大。

5.4.2 显微组织分析

在 0.04%C 钢高温热轧实验后，对不同超快速冷却终冷温度条件下的显微组织进行分析。图 5-5 所示为 0.04%C 钢在不同冷却工艺下的室温金相组织图像。图中黑色部分为珠光体，白色区域为铁素体。可以看出，随着超快速冷却终冷温度的降低，6 组工艺的组织构成并无明显变化，都是由大面积的块状铁素体和在晶界分布的少量珠光体组成，但是晶粒尺寸有所减小。

图 5-6 所示为 0.04%C 钢在不同冷却工艺下的扫描（SEM）组织图像。与光学金相图像不同，在电子扫描图像中，黑色区域为贫碳的铁素体区，白色区域为富碳的珠光体。高倍的扫描图像与低倍的金相组织图像反映的组织变化情况是一致的，由于碳含量较低，珠光体主要集中在块状铁素体晶界处

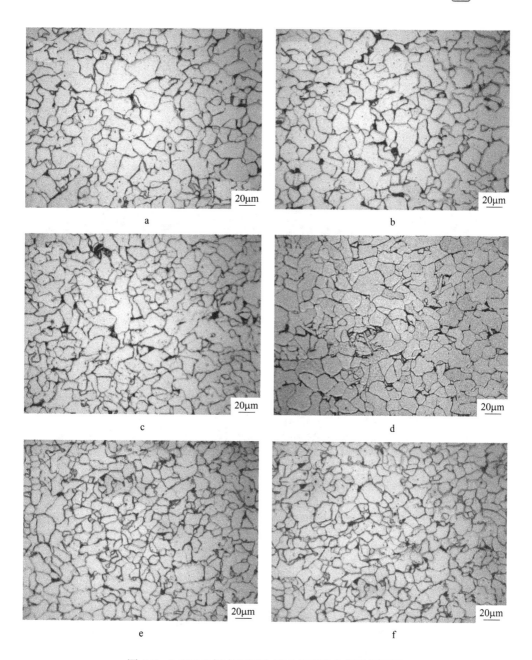

图 5-5 0.04%C 钢在不同冷却工艺后的金相组织图像

a—工艺 1；b—工艺 2；c—工艺 3；d—工艺 4；e—工艺 5；f—工艺 6

形成小块的富碳区，而降低超快速冷却的终冷温度对组织的最主要影响在于
细化晶粒。

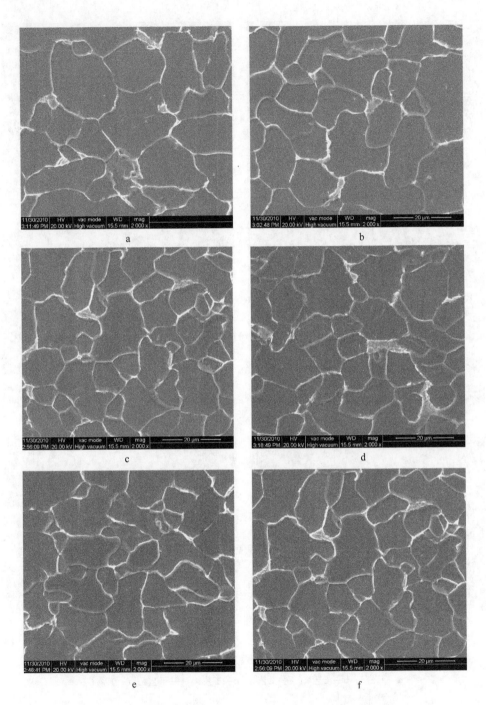

图 5-6　0.04%C 钢在不同冷却工艺后的室温扫描组织图像
a—工艺 1；b—工艺 2；c—工艺 3；d—工艺 4；e—工艺 5；f—工艺 6

在 0.04%C 钢的 6 组热轧工艺中，当超快速冷却的终冷温度为 600℃时，材料的强度最高，为了进一步分析超快速冷却对组织的强化效果，因此对该工艺的试样进行了透射电镜下的观察。图 5-7 所示为工艺 6 试样在透射电镜下的组织形貌。如图 5-7a 所示，在高倍的透射组织中可以看出碳化物主要还是分布在晶界处，在晶粒内部基体上并没有明显的析出现象，未发现密集的纳米级渗碳体析出区域，如图 5-7b 所示。但是在晶粒内部发现有部分位错密集区域，如图 5-7c 所示。由此可见超快速冷却可以保留大量高温变形后的位错，在晶粒内部形成了位错强化。

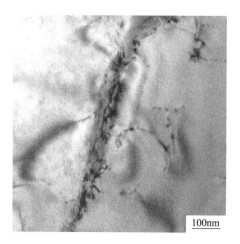

a

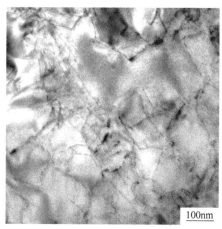

b

c

图 5-7 0.04%C 钢工艺 6 的透射组织形貌

5.4.3 强化方式分析

对于 0.04%C 钢而言，由于碳含量非常低，组织主要为铁素体组织，同时少量的渗碳体将优先在晶界处形核。作为铁素体-珠光体组织的低碳钢，其屈服强度包括单晶纯铁的屈服强度、固溶强化和细晶强化等方面的作用[87]，在无析出相变强化的情况下可通过式（5-1）进行理论计算：

$$YS(MPa) = 53.9 + 32.34[\%Mn] + 83.16[\%Si] + 354.2[\%N] + 17.402d^{-1/2}$$
$$(5-1)$$

式中，[%Mn]，[%Si]，[%N]分别为锰、硅和氮在组织中的平均质量分数；d 为晶粒的平均直径，mm。

在本章中，实验钢不含氮，[%Si] 和 [%Mn] 分别是 0.19 和 0.7，而组织的平均晶粒尺寸随着超快速冷却终冷温度的降低从 15.8μm 细化到 10.3μm，对屈服强度的贡献分别为 138MPa 和 171MPa，即通过细晶强化提高了约 30MPa。即通过理论计算得到 0.04%C 实验钢的屈服强度的变化范围是 231~264MPa，而图 5-3 中给出的实际测定屈服强度是 287~313MPa，强度同样提高了约 30MPa，提高程度与理论计算相符。同时，实际测量值比计算值高出了约 50MPa，是由于计算值中并没有考虑珠光体相变的影响，渗碳体在晶界处析出的依然具有一定的强化作用。图 5-8 所示为 0.04%C 钢屈服强度

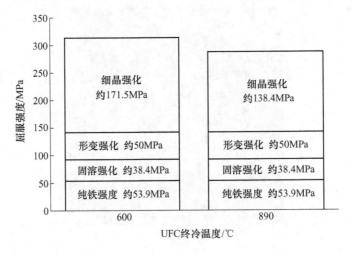

图 5-8 0.04%C 钢屈服强度的强化效果

中各种强化方式的贡献值。可以看出，亚共析钢中碳含量很低时，在超快速冷却条件下，无纳米渗碳体颗粒的析出，组织强度主要通过细化晶粒来提高，但提高程度有限，只有 30MPa。

5.5 0.17%C 实验钢结果分析

5.5.1 工艺参数和力学性能

表 5-5 为 0.17%C 实验钢热轧后不同冷却过程中的实测工艺参数。6 组工艺都采用统一的终轧温度 890℃，工艺 1 通过 ACC 层流冷却直接冷却到卷取温度，工艺 2~工艺 6 采用了超快冷和 ACC 层冷两阶段的冷却方式，考虑不同的超快速冷却终冷温度的影响情况。在热轧变形后对板坯进入超快速冷却的时间进行控制，使得超快速冷却的终冷温度从 755~600℃ 逐渐降低，随后进行 ACC 层流冷却，采用统一的卷取温度，大约在 500℃ 左右。

表 5-5 0.17%C 钢的热轧实验工艺参数

工艺	终轧温度 /℃	UFC 后温度 /℃	UFC 段冷速 /℃·s^{-1}	ACC 后温度 /℃	ACC 段冷速 /℃·s^{-1}
1	890	—	—	525	20~50
2	890	755	100~120	510	20~50
3	890	730	100~120	510	20~50
4	890	710	100~120	500	20~50
5	890	672	100~120	490	20~50
6	890	600	100~120	470	20~50

在室温条件下，根据实验标准对每组的工艺材料进行拉伸和冲击实验，每组实验 3 个试样，计算其平均值后得到不同工艺材料力学性能测试结果，见表 5-6。将 0.17%C 钢的力学性能数值绘图，更加清楚地反映各工艺的强度和断后伸长率随超快速冷却终冷温度降低时的变化情况，如图 5-9 和图 5-10 所示。

表 5-6　0.17%C 钢的力学性能

工艺	R_e/MPa	R_m/MPa	R_e/R_m	A_{50}/%	n 值	冲击功/J
1	317.0	468.3	0.68	35.4	0.22	152
2	330.0	465.5	0.71	38.1	0.21	154
3	361.2	506.5	0.71	32.0	0.21	162
4	394.9	529.2	0.75	27.1	0.20	142
5	412.8	537.4	0.77	27.0	0.18	148
6	429.1	537.9	0.80	24.5	0.17	149

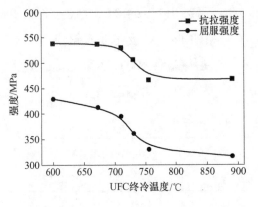

图 5-9　超快速冷却终冷温度对 0.17%C
　　　　钢强度的影响

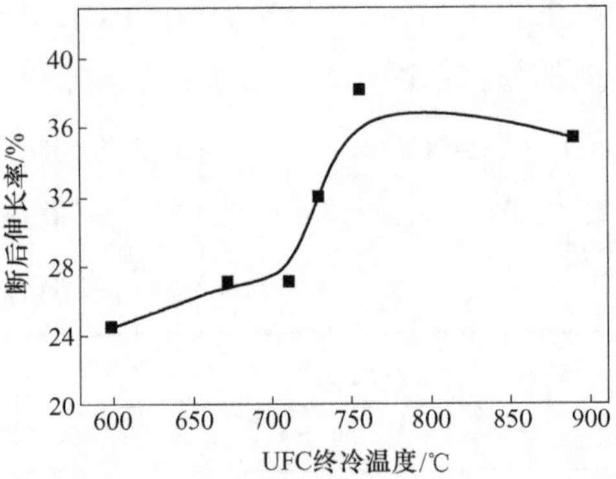

图 5-10　0.17%C 钢的断后伸长率

由表 5-6 和图 5-9 所示的实验数据可以看出，工艺 1 和工艺 2 的屈服极限和抗拉极限相差并不大，屈服强度都在 320MPa 左右，抗拉强度都在 460MPa～470MPa 的范围内。当超快速冷却终冷温度下降到 750℃以下后，随着超快速冷却终冷温度的进一步降低，0.17%C 实验钢的屈服强度和抗拉强度都有明显的提高，而且变化趋势相当，与此同时室温冲击韧性并没有降低。当超快速冷却终冷温度从 890℃下降到 600℃，0.17%C 钢的屈服强度由 317MPa 提高到 429MPa，屈服强度的增量为 110MPa，抗拉强度由 468MPa 提高到 538MPa，抗拉强度的增量为 70MPa，与之相对应的屈强比略有升高，从 0.68 上升到 0.8。

图 5-10 所示为断后伸长率随出超快速冷却温度的变化情况。与强度变化

趋势相反，随着出超快速冷却的温度降低，0.17%C 钢的断后伸长率呈下降的趋势。其中，工艺 1 和工艺 2 的超快速冷却终冷温度较高，二者的伸长率变化不明显；当超快速冷却终冷温度持续降低时，断后伸长率开始明显下降，当超快速冷却终冷温度下降到 600℃时，达到最低值为 24.5%，断后伸长率下降了约 14%。

5.5.2　显微组织分析

在 0.17%C 钢高温热轧实验后，对不同超快速冷却终冷温度条件下的显微组织进行分析。图 5-11 所示为 0.17%C 钢在不同冷却工艺下的室温金相组织图像，其组织主要由白色的铁素体和黑色的珠光体组成。可以看出，随着超快速冷却终冷温度的降低，组织中铁素体的含量在逐渐减少，珠光体的体积分数在逐渐增多，而且组织更加细化，主要表现为铁素体晶粒更加细小，珠光体分布更加弥散。

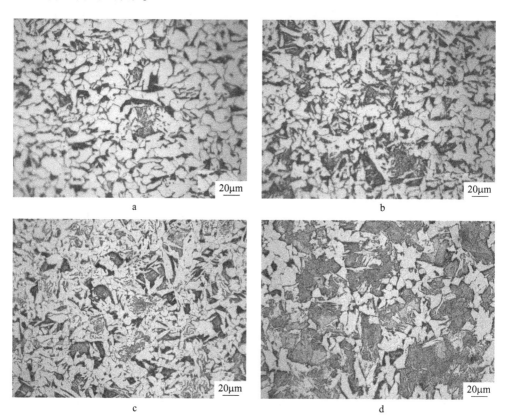

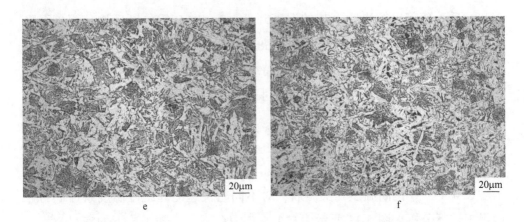

图 5-11　0.17%C 钢在不同冷却工艺后的金相组织图像

a—工艺 1；b—工艺 2；c—工艺 3；d—工艺 4；e—工艺 5；f—工艺 6

图 5-12 所示为 0.17%C 钢在不同冷却工艺下的扫描（SEM）组织图像。

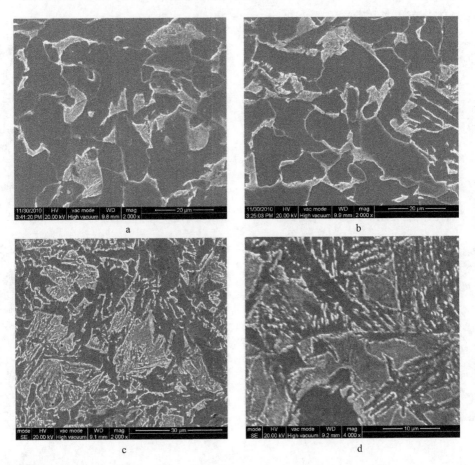

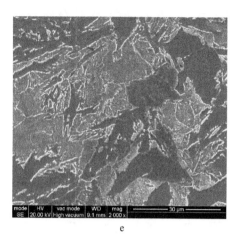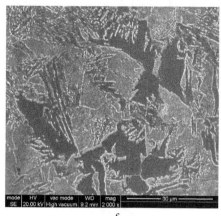

e　　　　　　　　　　　　　　　f

图 5-12　0.17%C 钢在不同冷却工艺后的室温扫描组织图像

a—工艺 1；b—工艺 2；c—工艺 3；d—工艺 4；e—工艺 5；f—工艺 6

与光学金相图像不同，在电子扫描图像中，0.17%C 钢的组织由黑色的铁素体区和白色的珠光体区组成。

从图 5-12 可以看出，当超快速冷却的终冷温度为 890℃和 755℃时，在组织中存在有大量块状的铁素体，铁素体占绝大部分比例，珠光体的体积分数相对较小。当超快速冷却的终冷温度下降到 710℃时，铁素体的块状结构被打破，变得更加细小，而且体积分数减小，相应地，珠光体比例增加，而且分布更加弥散。随着超快速冷却的终冷温度的进一步降低，铁素体的体积分数逐渐降低，珠光体比例持续增多，聚集成块状分布，而且晶粒得到细化。当超快速冷却的终冷温度下降到 600℃时，珠光体在组织中占有绝对的优势，但块状珠光体内部的组织结构在扫描电镜下依然无法分辨，需要进一步通过透射电镜的观察。

如图 5-13 所示，利用透射电镜对大量试样进行观察，进一步分析在超快速冷却条件下 0.17%C 钢中珠光体的组织特征。可以看到，当超快速冷却终冷温度下降到 730℃以下时，实验钢中过冷奥氏体形成的珠光体形貌已经不再是传统的片层状结构，而是发生了退化，片层结构被打破，生成了短片状、椭圆形，甚至接近圆形的颗粒状。这种由均匀的过冷奥氏体直接形成的非片状珠光体叫作退化珠光体，这一过程叫作珠光体退化。

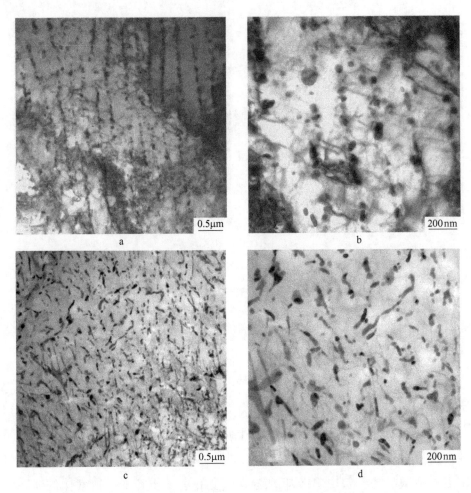

图 5-13   0.17%C 钢热轧组织中析出的纳米级渗碳体

通过观察发现，在 0.17%C 实验钢的退化珠光体组织中有大量纳米级渗碳体的弥散分布，而且渗碳体的尺寸大部分在十到几十个纳米的范围内，有的甚至小于 10nm，可呈点列状规则分布，如图 5-13a 和 b 所示；也可呈不规则分布，如图 5-13c 和 d 所示。即利用超快速冷却技术，通过控制轧后的冷却路径，可在无微合金添加的条件下实现亚共析钢中渗碳体的纳米级析出；而且在如此的颗粒尺寸范围内，渗碳体完全可以替代微合金碳化物的强化作用，同样产生非常强烈的第二相强化效果。

选定某处退化珠光体的区域，如图 5-14a 所示，对析出物进行进一步分析。根据图 5-14b 和 c 所对应的衍射花样的标定结果和析出物能谱分析，判

定奥氏体分解后的沉淀析出物为具有正交晶体结构的渗碳体,与体心立方的
铁素体基体呈现一定的相位关系。

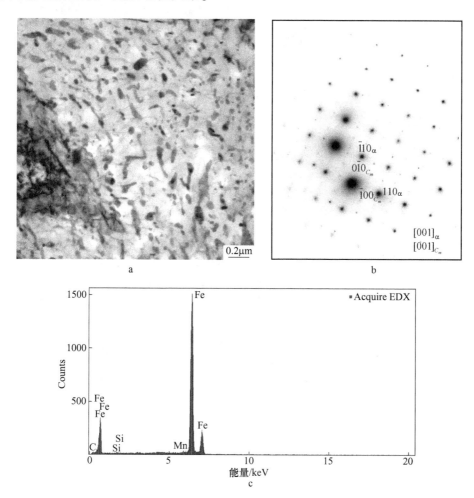

图 5-14　0.17%C 钢组织中纳米级渗碳体的组织分析

a—TEM 的明场像;b—衍射花样标定;c—能谱分析

图 5-15 所示为 0.17%C 实验钢组织中纳米渗碳体区域中各个元素在电子
探针下的面扫描图像。可以看出,在超快冷条件下,碳元素以纳米渗碳体颗
粒的形式析出,而硅和锰元素则在基体中充分固溶、分布均匀,无明显的偏
聚现象。可认为冷速对间隙元素碳的扩散起到了抑制的作用,导致渗碳体无
法形成片层结构而以纳米颗粒的形式析出。对于置换元素的硅和锰而言,其
扩散更加受到冷速的限制,因此作为非碳化物形成元素的硅和弱碳化物形成

元素的锰，几乎完全溶解于基体中，起到了固溶强化的作用。

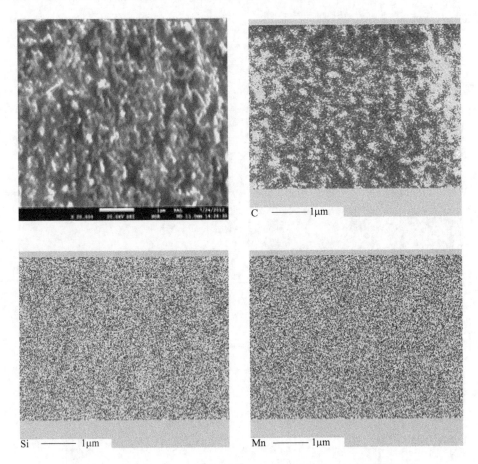

图 5-15　0.17%C 钢中纳米渗碳体区域在电子探针下的面扫描图像

5.5.3　强化方式分析

　　0.17%C 钢在超快速冷却条件下，组织中有大量弥散分散的纳米渗碳体析出区域。因此，碳在这里作为一种特殊的合金元素被加入到实验钢中，并在退化珠光体相变中形成纳米渗碳体颗粒，从而起到析出强化的作用。与此同时，在组织中的先共析铁素体也必须加以考虑。作为亚共析钢，实验钢在轧后高温冷却过程中通过相图中的两相区时，总是会有部分先共析铁素体析出。图 5-16 所示为 0.17%C 钢在超快冷条件下先共析铁素体的 TEM 像。由于铁素体中的碳含量非常低，因此内部非常纯净，没有渗碳体的析出。

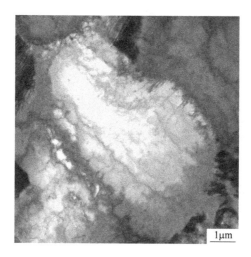

图 5-16　0.17%C 钢中先共析铁素体的 TEM 像

因此，退化珠光体和先共析铁素体共同影响着实验钢的强度，并且加强效果取决于退化珠光体在组织中的体积分数。在这里，可以引入 Ashby-Orowan 机制进行强化分析。尽管实验钢的析出强化增量不能完全正确地由 Ashby-Orowan 机制确定，因为 Ashby-Orowan 机制是假定析出物完全随机分散在一个滑移平面上，然而，根据 Ashby-Orowan 机制进行析出强化增量的理论计算仍然是有重要意义的[83]。第二相粒子析出强化的屈服强度（YS）（MPa）增量可由式（5-2）给出：

$$YS = \frac{K}{d} f^{1/2} \ln \frac{d}{b} \qquad (5-2)$$

式中　K——常数，5.9 N/m；

　　　b——柏氏矢量，0.246nm；

　　　f——析出物的体积分数；

　　　d——析出物的平均直径。

图 5-17 为析出物直径和体积分数与强化增量的计算关系。

当超快速冷却的终冷温度为 600℃时，在 0.17%C 实验钢组织中的退化珠光体区域内，渗碳体颗粒的平均直径是 20～30nm，体积分数为 10%以上。因此通过 Ashby-Orowan 机制得到这部分纳米渗碳体的析出强化量大约是 350MPa。然而，考虑到退化珠光体在整个组织中的体积分数约为 45%，所以

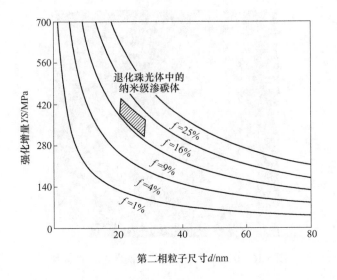

图 5-17　第二相粒子尺寸和体积分数与强化增量的关系

纳米渗碳体颗粒对整个组织中的强化效果也应该加上 0.45 这个系数才更加合理，因此理论强化值大约是 158MPa。此外，在相同的超快速冷却条件下，认为 0.17%C 钢的细化晶粒的效果和程度与 0.04%C 钢是相同的，因此取与 0.04%C 钢相同的晶粒细化增量；同时考虑固溶强化和纯铁的屈服强度，0.17%C 钢屈服强度的理论计算结果是 421.8MPa，这个数值与 0.17%C 钢在超快速冷却终冷温度为 600℃条件下的实际测量值 429MPa 吻合得很好。

5.6　0.33%C 实验钢结果分析

5.6.1　工艺参数和力学性能

表 5-7 为 0.33%C 实验钢热轧后不同冷却过程中的实测工艺参数。6 组工艺都采用统一的终轧温度 890℃，工艺 1 通过 ACC 层流冷却直接冷却到卷取温度，工艺 2~工艺 6 则采用了超快冷和 ACC 层冷两阶段冷却方式，考虑不同的超快速冷却终冷温度的影响情况。在热轧变形后对板坯进入超快速冷却的时间进行控制，使得超快速冷却的终冷温度从 755~600℃ 逐渐降低，随后进行 ACC 层流冷却，并采取统一的卷取温度，大约在 500℃左右。

表 5-7 0.33%C 钢的热轧实验工艺参数

工艺	终轧温度/℃	UFC 后温度/℃	UFC 段冷速/℃·s^{-1}	ACC 后温度/℃	ACC 段冷速/℃·s^{-1}
1	890	—	—	520	20~50
2	890	755	100~120	520	20~50
3	890	713	100~120	510	20~50
4	890	690	100~120	510	20~50
5	890	644	100~120	490	20~50
6	890	600	100~120	490	20~50

在室温条件下，根据实验标准进行拉伸和冲击实验，实验结果见表 5-8。将 0.33%C 钢的力学性能数值绘图，各工艺的屈服强度、抗拉强度和断后伸长率的变化规律如图 5-18 和图 5-19 所示。

表 5-8 0.33%C 钢的力学性能

工艺	R_e/MPa	R_m/MPa	R_e/R_m	A_{50}/%	冲击功/J
1	463.64	669.62	0.69	23.5	92
2	503.65	714.98	0.70	19.7	86
3	546.55	743.24	0.74	20.5	112
4	548.74	722.39	0.76	18.0	106
5	568.96	754.66	0.75	17.8	110
6	585.78	777.63	0.75	17.0	112

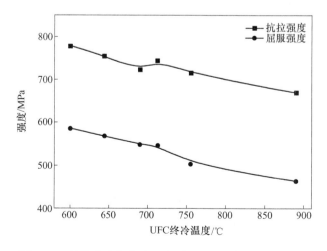

图 5-18 超快速冷却终冷温度对 0.33%C 钢强度的影响

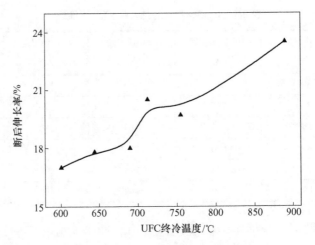

图 5-19   0.33%C 钢的断后伸长率

由表 5-7 和图 5-18 所示的实验数据可以看出，随着超快速冷却终冷温度的降低，0.33%C 钢的屈服强度和抗拉强度都明显增加，而且超快速冷却对提高屈服强度与抗拉强度的作用效果大致相当，变化趋势一致。与此同时室温冲击韧性并没有降低，反而略有升高。当超快速冷却终冷温度从 890℃ 下降到 600℃，0.33%C 钢的屈服强度由 463MPa 提高到 585MPa，屈服强度的增量为 122MPa，抗拉强度由 669MPa 提高到 777MPa，抗拉强度的增量为108MPa，与之相对应的屈强比略有升高，从 0.69 上升到 0.75。

图 5-19 所示为断后伸长率随出超快速冷却温度的变化情况。与强度变化趋势相反，随着出超快速冷却的温度降低，0.33%C 钢的断后伸长率呈下降的趋势。其中，通过 ACC 层流冷却直接冷却到卷取温度的工艺 1 的材料断后伸长率值最高，为 23.5%；当超快速冷却终冷温度下降到 600℃ 时，达到最低值为 17%，断后伸长率下降了约 6.5%。

5.6.2　显微组织分析

0.33%C 钢在经过高温热轧实验后，对不同超快速冷却终冷温度条件下的显微组织进行分析。图 5-20 所示为 0.33%C 钢在不同冷却工艺下的室温金相组织图像，其组织主要由白色的铁素体和黑色的珠光体组成。可以看出，珠光体在组织中占有绝大部分比例，而且随着超快速冷却终冷温度的降低，珠光体组织更加细化，组织中铁素体的体积分数也在明显减少。

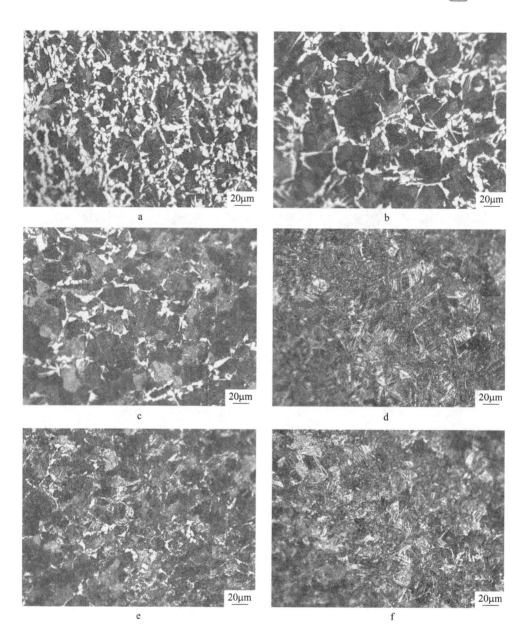

图 5-20　0.33%C 钢在不同冷却工艺后的金相组织图像

a—工艺 1；b—工艺 2；c—工艺 3；d—工艺 4；e—工艺 5；f—工艺 6

　　图 5-21 所示为 0.33%C 钢在不同冷却工艺下的扫描（SEM）组织图像。与光学金相图像不同，在电子扫描图像中，0.33%C 钢的组织由黑色的铁素体区和白色的珠光体区组成。

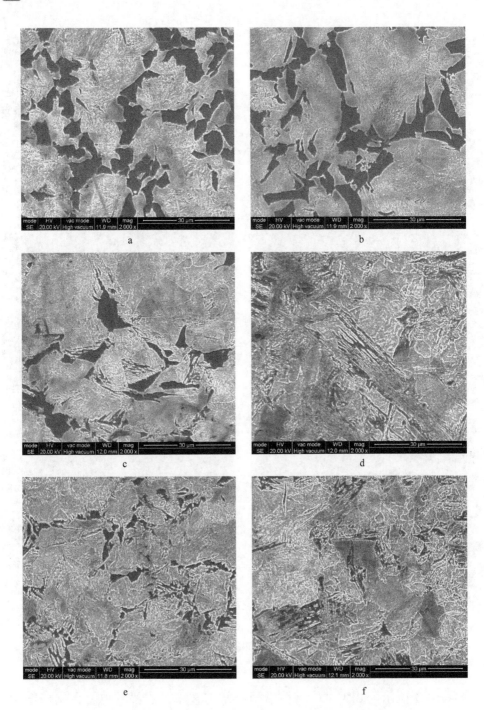

图 5-21　0.33%C 钢在不同冷却工艺后的室温扫描组织图像

a—工艺 1；b—工艺 2；c—工艺 3；d—工艺 4；e—工艺 5；f—工艺 6

从图 5-21 可以看出，当超快速冷却的终冷温度为 890℃和 755℃时，虽然珠光体的体积分数很高，但在组织中依然存在一定比例的块状铁素体，呈网状分布在晶界处。当超快速冷却的终冷温度下降到 713℃时，铁素体的网状分布结构被打破，变得更加细小，而且体积分数进一步减小，相应地，珠光体比例增加，珠光体区已经相互连接起来。当超快速冷却的终冷温度下降到 690℃以下时，组织中铁素体含量非常少，基本由珠光体构成，而且珠光体组织更加致密更加细化，其内部的组织结构需要进一步通过透射电镜进行观察。

如图 5-22 所示，利用透射电镜对大量试样进行观察，进一步分析在超快速冷却条件下 0.33%C 钢中珠光体的组织特征。可以看到，当超快速冷却终

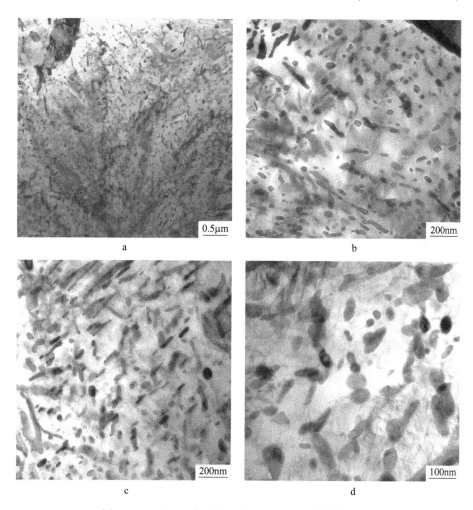

图 5-22 0.33%C 钢热轧组织中析出的纳米级渗碳体

冷温度下降到710℃以下时，与0.17%C钢类似，0.33%C钢中过冷奥氏体同样也发生了退化珠光体转变，形成的渗碳体形貌已经不再是传统的片层状结构，而是发生了退化现象，生成了短片状、椭圆形，甚至接近圆形的颗粒。这些渗碳体颗粒尺寸都非常细小，一般都小于100nm，有的甚至小于10nm，形成了纳米级的析出，而且体积分数很大，可以形成很强的第二相强化效果。

5.6.3 强化方式分析

对0.33%C钢的屈服强度采用与0.17%C钢同样的方式进行计算。与0.17%C钢相比，在0.33%C钢中碳的添加量是0.17%C钢的2倍，析出渗碳体颗粒的直径相差不大，但退化珠光体在组织中的体积分数也接近2倍，因此具有双倍析出强化效果，由此得到0.33%C钢屈服强度的计算值为578.8MPa，这一数值非常接近实际实验的测定值585.7MPa。图5-23所示为在超快速冷却终冷温度为600℃条件下0.17%C和0.33%C钢屈服强度的计算贡献值。

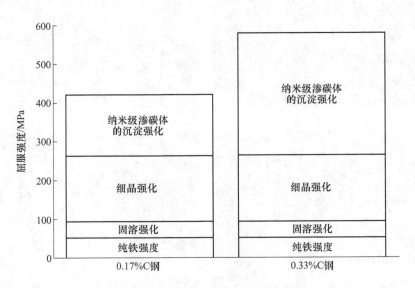

图5-23 0.17%C和0.33%C钢屈服强度的强化效果

纳米渗碳体颗粒的强化效果依赖于组织中退化珠光体的体积分数，而且综合强化机制非常复杂，因此需要更多的工作进一步研究。然而，值得肯定的是，应用轧后超快速冷却技术，成功地将实验钢传统组织中渗碳体的片层结构细化成为了纳米尺度颗粒，使得实验钢的屈服强度超过了 100MPa，这一强化效果是相当可观的。

5.7 0.5%C 实验钢结果分析

5.7.1 工艺参数和力学性能

表 5-9 为 0.5%C 实验钢热轧后不同冷却过程中的实测工艺参数。6 组工艺都采用统一的终轧温度 880℃，为了工艺对比，工艺 1 通过 ACC 层流冷却直接冷却到卷取温度，工艺 2~工艺 6 采用了超快冷和 ACC 层冷两阶段的冷却方式，考虑不同的超快速冷却终冷温度的影响情况，在热轧变形后对板坯进入超快速冷却的时间进行控制，使得超快速冷却的终冷温度从 750~610℃逐渐降低，随后进行 ACC 层流冷却，层流后卷取温度相当，只有工艺 6 卷取温度较低。

表 5-9 0.5%C 钢的热轧实验工艺参数

工艺	终轧温度 /℃	UFC 后温度 /℃	UFC 段冷速 /℃·s^{-1}	ACC 后温度 /℃	ACC 段冷速 /℃·s^{-1}
1	880	—	—	525	15~30
2	880	750	100~120	510	15~30
3	880	715	100~120	510	15~30
4	880	680	100~120	500	15~30
5	880	660	100~120	490	15~30
6	880	610	100~120	470	15~30

在室温条件下，根据实验标准将每组的工艺材料加工出 3 个拉伸试样、3 个冲击试样进行实验，对实验结果计算其平均值，得到的不同工艺材料力学性能测试结果见表 5-10。将 0.5%C 钢的力学性能数值绘图，更加清楚地反映各工艺的力学性能随超快速冷却终冷温度降低时的变化规律，如图 5-24 和图 5-25 所示。

表 5-10 0.5%C 钢的力学性能

工艺	R_e/MPa	R_m/MPa	R_e/R_m	$A_{50}/\%$	n 值	冲击功/J
1	508.3	753.3	0.68	20.9	0.23	16.0
2	521.7	773.3	0.71	20.3	0.22	18.8
3	531.7	783.3	0.71	19.8	0.22	27.0
4	535.0	790.0	0.75	19.0	0.23	32.3
5	620.0	860.0	0.77	18.1	0.21	37.5
6	636.7	861.7	0.80	17.4	0.20	42.5

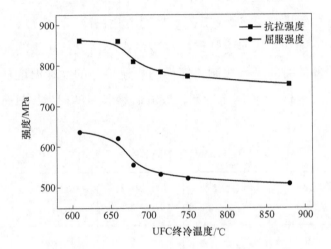

图 5-24 超快速冷却终冷温度对 0.5%C 钢强度的影响

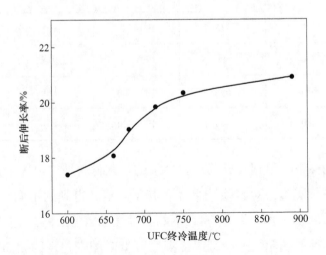

图 5-25 0.5%C 钢的断后伸长率

由表 5-10 和图 5-24 所示的实验数据可以看出，随着超快速冷却终冷温度的降低，0.5%C 钢的屈服强度和抗拉强度都呈增大的趋势，而且变化趋势相当。当超快速冷却终冷温度高于 700℃时，材料的强度呈线性增加，但增幅不大，超快速冷却工艺提高强度不明显。

出超快速冷却温度低于 700℃时，强度迅速升高，屈服强度超过 600MPa，抗拉强度超过 850MPa。当超快速冷却终冷温度从 890℃下降到 600℃，0.5%C 钢的屈服强度由 508MPa 提高到 636MPa，屈服强度提高约 130MPa；抗拉强度由 753MPa 提高到 861MPa，抗拉强度提高约 110MPa，与之相对应的屈强比略有升高，从 0.68 上升到 0.8。

图 5-25 所示为断后伸长率随出超快速冷却温度的变化情况。与强度变化趋势相反，随着出超快速冷却的温度降低，0.5%C 钢的断后伸长率略有下降。其中，通过 ACC 层流冷却直接冷却到卷取温度的工艺 1 的材料断后伸长率值最高，当超快速冷却终冷温度下降到 610℃时，断后伸长率从 20.9%降低到 17.4%，下降了约 3.5%，降低幅度不大。

从图 5-26 可以看出，未采用超快速冷却工艺的材料冲击功很低，而随着轧后超快速冷却终冷温度的降低，材料的冲击功得到显著的提高，从 16J 提高到 42.5J，与材料强度的变化趋势一致。

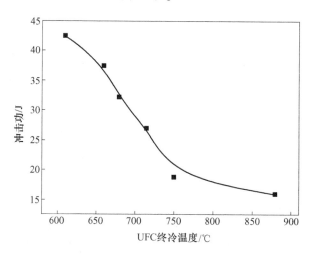

图 5-26 0.5%C 钢的冲击功

5.7.2 显微组织分析

对0.5%C钢高温热轧后，不同超快速冷却终冷温度条件下的显微组织进行分析。图5-27所示为0.5%C钢在不同冷却工艺下的室温金相组织图像。可以看出，图5-27a中的室温显微组织为黑色的珠光体和沿晶界连续析出的白色铁素体，可以观察到部分珠光体的片层结构，一部分块状的珠光体片层由于过细而呈现黑色无法观察。图5-27b的室温显微组织中也可以观察到珠光体组织和白色铁素体，但沿晶界析出的铁素体析出量减少，在晶界上已经不再形成连续的网状分布，并且晶粒更加细小。

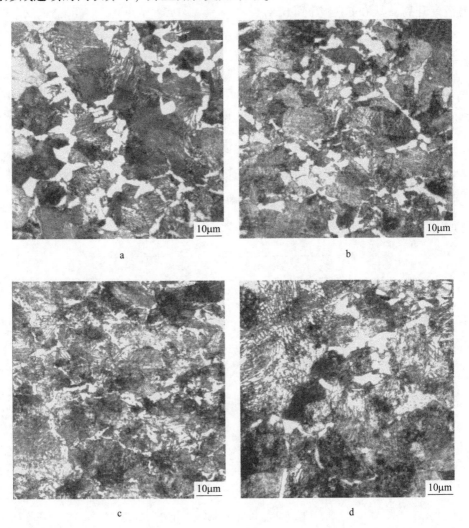

a

b

c

d

e   f

图 5-27 0.5%C 钢在不同冷却工艺后的金相组织图像

a—工艺 1; b—工艺 2; c—工艺 3; d—工艺 4; e—工艺 5; f—工艺 6

随着超快速冷却终冷温度进一步下降，图 5-27c ~ f 中的显微组织中铁素体的析出量已经非常少了，珠光体占绝大部分比例，观察不到明显的晶粒和晶界，而珠光体的片层结构由于被极度细化，在低倍金相显微镜下呈现黑色而无法观察，需要通过高倍扫描电镜进行观察。

图 5-28 所示为 0.5%C 钢在不同冷却工艺下通过扫描（SEM）电镜获得的白色珠光体的片层组织结构。从图 5-28 中可以看出，由于轧后超快速冷却的应用，0.5%C 钢中珠光体的片层间距得到充分细化，并且随着超快速冷却终冷温度的降低，片层间距逐渐降低。

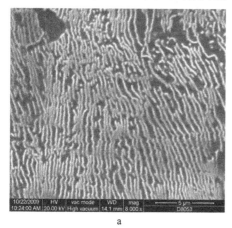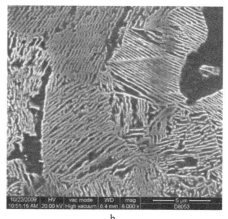

a   b

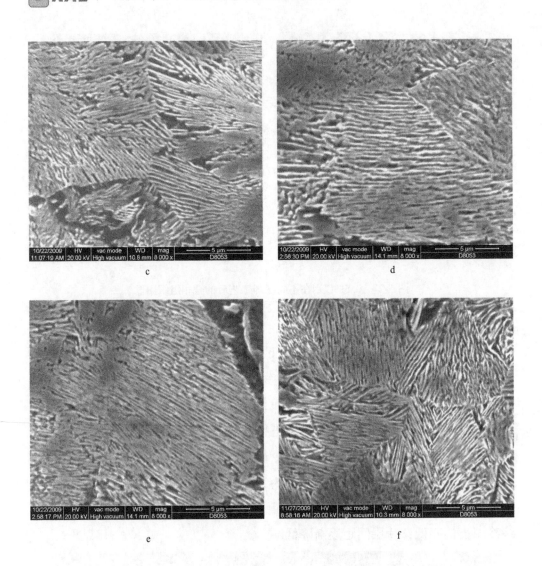

图 5-28　0.5%C 钢在不同冷却工艺后的室温扫描组织图像

a—工艺 1；b—工艺 2；c—工艺 3；d—工艺 4；e—工艺 5；f—工艺 6

在高倍电镜下用割线法测量珠光体的片层结构，得到平均片层间距随超快速冷却终冷温度的变化规律，如图 5-29 所示。在未采用超快速冷却的条件下，工艺 1 的片层间距均值为 265nm；当超快速冷却的终冷温度下降到 610℃时，工艺 6 的珠光体片层明显细化，片层间距变得极为细小，只有 130~170nm。

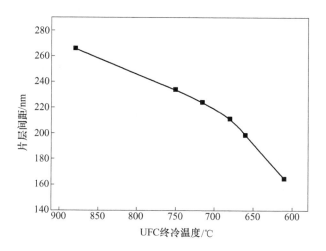

图 5-29　超快速冷却终冷温度对片层间距的影响

5.7.3　强化方式分析

高温终轧的 0.5%C 实验钢，轧后处于奥氏体完全再结晶状态，如果轧后慢冷，则变形奥氏体晶粒将在冷却过程中长大，相变后得到粗大的铁素体组织，先共析的铁素体沿晶界呈网状分布，这将成为裂纹扩展的有利通道。而且由于冷却缓慢，由奥氏体转变的珠光体粗大，片层间距加厚，这种组织的力学性能是较低的[84]。

而采用轧后超快速冷却工艺可以有效阻止轧后奥氏体晶粒长大，抑制先共析铁素体的析出，打破网状结构，形成更加紧密的珠光体片层组织。对于 0.5%C 实验钢而言，在高温热轧后的超快速冷却过程中，尽管碳的扩散行为受到抑制，但成分中碳含量非常高，碳原子可以通过短距离扩散生成间距非常细小的片层渗碳体，并且通过细化的片层结构实现强化，而并非通过纳米级渗碳体的析出形成第二相强化，因此与 0.17%C 和 0.33%C 实验钢的强化方式截然不同。

图 5-30 所示为不同超快速冷却终冷温度条件下，0.5%C 钢组织中珠光体的平均片层间距与材料屈服强度之间的关系。可以看出，二者的线性匹配关系与 Hall-Petch 公式的细晶强化形式是一致的，因此超快速冷却工艺通过细化珠光体片层间距可实现对 0.5%C 实验钢的细晶强化。

这些细小的珠光体片层趋向各异，排列紧密，也可以明显提高材料的冲击韧性，因为裂纹的成长必须穿过这些细小的片层结构。随着超快速冷却终冷温度的逐渐降低，导致片层更加细小，组织更加致密，因此显微硬度逐渐提高。与此同时，细小的片层也阻碍了位错运动，而滑移面上的位错运动是材料塑性变形的主要方式，这使得材料延伸性能略有下降。

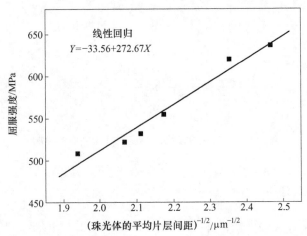

图 5-30　0.5%C 钢中珠光体的平均片层间距与屈服强度的关系

5.8　纳米渗碳体的析出机理

5.8.1　碳含量的影响

当亚共析钢在奥氏体状态下经过冷却通过 α-γ 两相区后，在组织中将不可避免地形成先共析铁素体。由于先共析铁素体的析出，碳上坡扩散，导致沿晶界处奥氏体侧碳浓度增加。这部分具有较高碳浓度的奥氏体更加接近共析成分，在超快速冷却条件下，很有可能以共析转变的形式分解为退化珠光体，析出纳米级渗碳体颗粒。关于这部分的浓度计算和实验论证可以参考第 4 章第 5 节的论述。因此，在本质上可以认为，过冷奥氏体发生退化珠光体相变析出纳米级渗碳体的行为是共析分解的一种特殊形式。

碳含量对实验钢的退化珠光体相变有着重要的影响。在超低碳钢中，如 0.04%C 钢，珠光体主要在奥氏体晶界处形核，因为晶界具有高的缺陷密度，并处在高能量的状态，具有珠光体形核的优先权。由于碳含量非常低，晶界处可以提供足够的位置给珠光体形核长大，从而导致珠光体不在奥氏体晶粒内部生长，如图 5-31 所示。因此，轧后冷却速度对超低碳钢的退化珠光体相变影响较小。

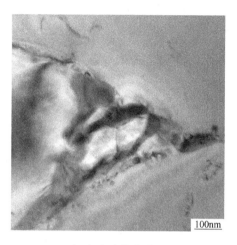

100nm

图 5-31　0.04%C 钢中渗碳体在晶界处析出的 TEM 像

随着钢中碳含量的逐步增加，如 0.17% 和 0.33%，晶界形核位置不足，退化珠光体开始在奥氏体的晶粒内部生长。一般情况下，碳的扩散速度非常快，特别是在热轧后的高温时，渗碳体通常在片层状形式析出；然而，在超快速冷却的条件下，相变过冷度较大，碳的扩散受到抑制，退化珠光体相变后的渗碳体无法充分长大形成片层结构而以纳米颗粒的形式析出。图 5-32 所示为实验钢在超快速冷却条件下组织中析出的纳米级渗碳体形貌。

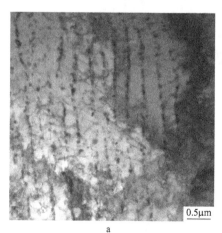
0.5μm
a

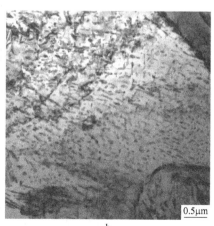
0.5μm
b

图 5-32　实验钢组织中的渗碳体析出形貌

a—0.17%C 钢；b—0.33%C 钢

当然，从能量的角度而言，渗碳体以颗粒形式代替片层状结构析出，必然会导致渗碳体表面能的增加，因此，这部分增加的能量正是通过超快速冷却实现更大的过冷度，从而产生更大的自由能差，提供更多的动力进行弥补的。

尽管碳的扩散在超快速冷却条件下受到抑制，但在碳含量非常高的钢中，如 0.5%C 钢，渗碳体在晶粒内部生长时，碳原子的供应依然很充足，从而导致过冷奥氏体转化成为片层状的伪共析组织。该转变过程和转变产物形貌都类似于共析相变，但转变温度低于共析温度，转变产物的奥氏体化学成分在一定程度上偏离共析成分。由于碳的扩散被限制，碳原子不利于长程扩散，只能通过短程扩散形成细小的片层结构，如图 5-33 所示。渗碳体片层的细化，同样增加了渗碳体的比表面积，这部分增加的渗碳体表面能同样需要通过超快速冷却增加过冷度，从而增大驱动力的方法来提供额外的能量。

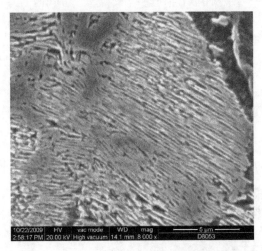

图 5-33　0.5%C 钢中通过超快速冷却细化的片层结构

5.8.2　冷却路径的影响

由于本章研究的重点是退化珠光体中纳米渗碳体的析出，因此，下文将以 0.17%C 钢为例，详细叙述超快速冷却条件下纳米渗碳体的析出机理[84]。

图 5-34 所示为过冷奥氏体发生退化珠光体转变的示意图。如图 5-34a 所示，由于随机成分起伏出现，沿着奥氏体晶界形成了贫碳区和富碳区。铁素

体和渗碳体随后分别在贫碳区和富碳区中成核，形成了一个珠光体晶核，并且存在共生共析的关系，如图 5-34b 所示。

图 5-34c 所示为退化珠光体的形核和生长过程。大箭头表示退化珠光体朝向晶粒内部的生长方向，而小箭头表示在相界面处碳原子的扩散方向。当相界面向奥氏体晶粒内部生长时，碳原子在铁素体的生长过程中被排出，并迅速沿相界面扩散到渗碳体的最前沿。因此，铁素体在生长时，降低了铁素体界面前沿碳的浓度，同时渗碳体则由于获得扩散到其界面前沿的碳原子而迅速长大，铁素体与渗碳体形成了协同成长的过程。此时，在相界面的前沿，如果碳的扩散速率大于相界面的移动速度，碳原子的供给充分，那么渗碳体将形成一个连续的片层状结构。

如果碳的扩散速率小于相界面的移动速度，即供给的碳原子是不充分的，那么渗碳体不能持续增长，因此，片层状的渗碳体必须断开而以连续的纳米颗粒形式析出，如图 5-34d 所示，实际的热轧组织如图 5-32a 所示。

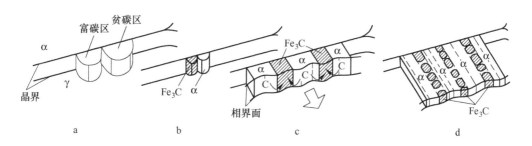

图 5-34 过冷奥氏体发生退化珠光体转变示意图

利用对实验钢动态 CCT 曲线的测定结果，得到实际轧后冷却路径对 0.17%C 钢退化珠光体相变影响的示意图，如图 5-35 所示，图中 0.17%C 钢的平衡相变温度 A_{e3} 和 A_{e1} 是通过 thermal-calc 软件计算得到的。

从图 5-35 中可以看出，与传统层流 ACC 的冷却路径相比，在超快速冷却条件下，0.17%C 实验钢的相变起始温度更低，过冷度更大，从而导致退化珠光体相变时相界面处自由能差增加，相界面加速运动。

与此同时，通过碳原子在奥氏体中的扩散系数可知，碳的扩散系数随着温度的降低而明显下降，碳的扩散行为在超快速冷却条件下受到限制。因此，当碳的扩散速率小于相界面的移动速度时，在相界面的前沿碳原子供给不足，渗碳体将无法持续增长成片层状，只能以纳米颗粒的形式沉淀析出。

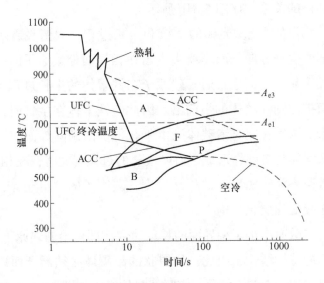

图 5-35 退化珠光体相变的冷却路径示意图

此外，超快速冷却的终冷温度对纳米渗碳体的析出行为也有重要的影响，图 5-36 所示为 0.17%C 实验钢在不同超快速冷却终冷温度条件下的透射组织。可以看出，随着超快速冷却终冷温度的下降，退化珠光体中析出的渗碳体逐渐从片层状结构向纳米颗粒的形式过渡，从点列状分布逐渐过渡到无序弥散分布。

如图 5-36a 所示，当超快速冷却终冷温度为 755℃ 时，由于超快速冷却终冷温度较高，过冷度不足，珠光体在奥氏体晶界处形核后，起初在晶界附近以片层状结构生长，随后进入晶粒内部，片层结构被断开，渗碳体逐渐以颗粒状的形式析出；在图 5-36b 中，珠光体的片层结构依然可以辨认出来；当终冷温度为 672℃ 时，如图 5-36c 所示，渗碳体的片层结构已经断开，形成了点列状分布的纳米颗粒；在图 5-36d 中，当终冷温度下降到 600℃，接近奥氏体动态相变点时，在退化珠光体的组织中，渗碳体是以纳米级颗粒弥散分布的。

与此同时，在图 5-36 中还发现，在超快速冷却的情况下，随着终冷温度的下降，渗碳体颗粒析出更加弥散细小，并不总是保持连续点列状分布，在更多的情况下，颗粒状渗碳体的析出是呈现不规则分布的，而且退化珠光体

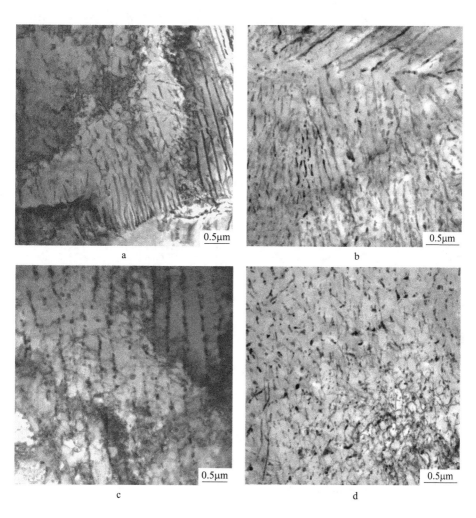

图5-36 0.17%C实验钢在不同超快速冷却终冷温度条件下的透射组织

a—755℃；b—730℃；c—672℃；d—600℃

的组织中，位错密度明显升高。这是因为高温热轧结束后立即进入超快速冷却，原始奥氏体没有足够的时间进行再结晶和晶粒生长，晶粒内由于高温变形产生的大量位错被保留下来，而这些位错对渗碳体的析出有着非常显著的影响。这是因为位错是碳原子扩散的便捷通道和渗碳体有利的形核位置。此外，当渗碳体颗粒在错位的周围析出时，原有的位错缺陷会消失，导致位错能量降低，这也是渗碳体析出的一种驱动力。因此，纳米级渗碳体颗粒更可能在位错周围形成析出沉淀。当退化珠光体在内部具有大量位错的晶粒内部生长时，渗碳体颗粒将不再单调地呈点列状分布，而是沿位错分布。由于位错的分布是不规则的，所以渗碳体颗粒的析出也是不规律的。图 5-37 所示为 0.17%C 实验钢中的渗碳体在位错区域析出的图像，可以看出，大量的纳米级渗碳体在位错线的周围分布。

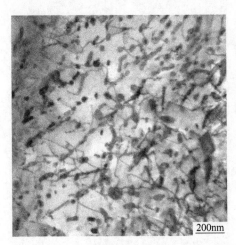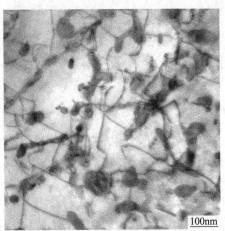

图 5-37　0.17%C 钢中的渗碳体在位错区域析出的 TEM 像

从另外的角度分析，轧后的超快速冷却过程抑制了先共析铁素体的形成，从 CCT 曲线可以看出，随着冷速的增加，组织中先共析铁素体的体积分数逐渐减少，相对应地，珠光体的体积分数逐渐增多。在钢中碳含量一定的情况下，组织中珠光体区域的增多必然导致渗碳体更加弥散的分布，而并不是聚集长大成片层状。

5.9　小结

（1）0.04%C 和 0.5%C 实验钢在超快速冷却条件下主要的强化方式分别是细化晶粒和细化珠光体片层间距，组织中无纳米渗碳体析出。在超快速冷却条件下，0.17%C 和 0.33%C 实验钢的组织中发现大量弥散的纳米级渗碳体析出，颗粒平均直径大约为 20~30nm。通过超快速冷却技术可实现在无微合金元素添加的条件下渗碳体的纳米级析出。

（2）碳含量和过冷度是控制渗碳体以纳米级颗粒形式析出的主要影响因素。碳含量太低，珠光体主要在奥氏体晶界处形核；碳含量太高，珠光体形成细小的片层结构。在碳含量适中的情况下，随着超快速冷却终冷温度的下降，过冷度增加，珠光体中的渗碳体从片层结构逐渐过渡到以纳米颗粒的形式析出。

（3）随着超快速冷却终冷温度的降低，实验钢的屈服强度和抗拉强度都逐渐增加，当终冷温度从 890℃ 下降到 600℃，0.04%C、0.17%C、0.33%C和0.5%C 钢的屈服强度分别提高了 30MPa、110MPa、120MPa 和 130MPa。随着碳含量的升高和终冷温度的降低，铁素体组织逐渐减少，珠光体组织比率增多，强度提高更加明显，超快速冷却的作用更加显著。

6 纳米析出物强化工艺的工业化应用

根据前期实验研究和理论分析，充分利用超快速冷却技术，有效调控热轧钢板的轧后冷却路径，有利于钢中第二相粒子的析出行为控制，从而充分发挥第二相强化作用，提高钢铁材料的综合强化效果。本项目将实验室的研究成果推广应用于工业化实际，已经取得了较好的应用效果，实现了高性能钢铁材料的低成本绿色化生产。本章根据不同钢种的特点，对纳米析出粒子强化工艺的实际应用情况进行介绍。

6.1 基于纳米渗碳体强化的 C-Mn 钢工业化试制

渗碳体是钢中最常见且最经济的第二相，也是碳锰钢中最为主要的强化相，它的形状与分布对钢的性能有着重要的影响[86,87]。在碳锰钢中，渗碳体的体积分数可以达到 10% 而无需增大生产成本，根据第二相强化理论[88]，若能有效地使渗碳体细化到数十纳米的尺寸，将可以产生非常强烈的第二相强化效果，起到微合金碳氮化物一样的强化作用，在极大地降低生产成本和节约合金资源的同时，实现钢材的高性能[89,90]。通过控制热轧工艺来实现中渗碳体的细化，甚至纳米级析出，将是未来碳锰钢强化的主要发展方向之一。

6.1.1 基于纳米渗碳体强化的合金减量化设计

在成分设计中，可以适当减少 Mn 的添加量[91~93]，因为其固溶强化效果非常有限，而这部分对强度的贡献完全可以通过工艺控制实现渗碳体的细化而得到弥补。而且从经济成本而言，减少 Mn 元素的添加量所带来的经济效益要远高于 C 元素。此外，减少 Fe 中合金成分的添加量，也有利于焊接性能的改善。但与此同时，Mn 的含量也不易过低，这是因为 Mn 可以扩大奥氏体区，降低奥氏体向铁素体的转变温度（A_{r3}），抑制铁素体相变，避免细化的碳化物长大。

根据南钢 2800mm 中厚板线现场实际的生产情况，并考虑中厚板的板坯厚度的问题，对 3 种不同的板坯进行了减量化成分设计。轧制规格见表 6-1，减量化成分见表 6-2。

表 6-1　Q345 的轧制规格

板坯钢种	轧制钢种	标准号	厚度/mm
DN	DN	GB/T 3274—Q345B	20
A572Gr42	A572Gr42	GB/T 3274—Q345B	25
A572Gr42-1	A572Gr42-1	GB/T 3274—Q345B	40

表 6-2　Q345 减量化的化学成分（质量分数,%）

坯料	C	Mn	P	S	Si	Nb	Mo	V	Ti	B
DN	0.14	1.00	0.011	0.003	0.173	0.004	0.007	0.0054	0.005	0.0001
A572Gr42	0.17	1.04	0.018	0.008	0.183	0.005	0.001	0.001	0.004	0.0003
A572Gr42-1	0.16	1.03	0.015	0.004	0.183	0.005	0.001	0.0006	0.004	0.0003

工业现场的 Q345 合金成分采取了 Mn 减量化的设计思想，成分中的 Mn 由原来的 1.3%~1.5%减少到 1%左右，从而降低了生产成本；其他元素为残余元素，并非特意添加。

6.1.2　减量化 Q345 的工业试制工艺

根据 Q345 的成分设计，对不同板厚的坯料开展工业试制[94]。加热制度见表 6-3，轧制工艺见表 6-4，冷却参数见表 6-5。具体实测的工艺参数如图 6-1~图 6-3 所示。

表 6-3　Q345 的加热制度

板坯钢种	厚度/mm	加热段温度/℃	均热段温度/℃	出炉温度/℃	在炉时间/min
DN	20	1221	1180	1160	217
A572Gr42	25	1226	1203	1160	301
A572Gr42-1	40	1224	1216	1180	227

表 6-4　Q345 的轧制制度

板坯钢种	厚度/mm	粗轧开轧温度/℃	粗轧终轧温度/℃	粗轧道次数	粗轧阶段结果/%	精轧开轧温度/℃	精轧终轧温度/℃	精轧道次数
DN	20	1088	1029	9	49.86	921	846	5
A572Gr42	25	1085	1067	7	54.76	861	800	6
A572Gr42-1	40	1111	1027	7	78.89	890	850	6

表 6-5　Q345 的冷却制度

板坯钢种	厚度/mm	UFC 开冷温度/℃	UFC 终冷温度/℃	矫前返红温度/℃
DN	20	801	573	613
A572Gr42	25	751	515	578
A572Gr42-1	40	827	477	606

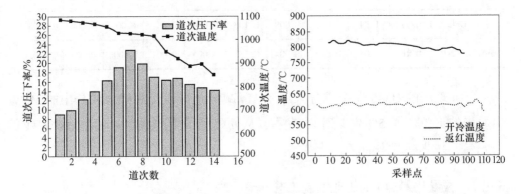

图 6-1　20mm 厚 DN 钢板轧制及冷却工艺

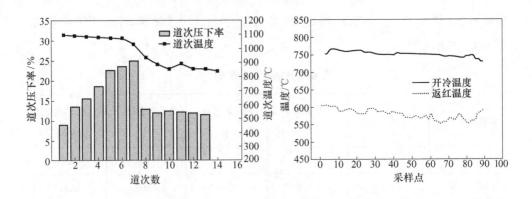

图 6-2　25mm 厚 A572Gr42 钢板轧制及冷却工艺

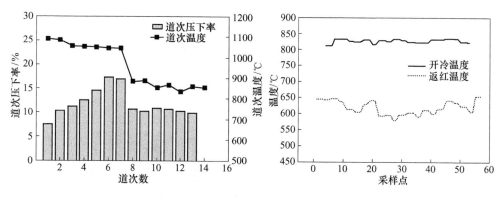

图 6-3 40mm 厚 A572Gr42-1 钢板轧制及冷却工艺

6.1.3 工业实验结果与分析

对 Q345 工业化试制工艺进行力学性能的检测，结果见表 6-6。

表 6-6 Q345 的力学性能

板坯钢种	厚度/mm	屈服强度/MPa	抗拉强度/MPa	伸长率/%	冲击均值/J
DN	20	386	518	25	202
A572Gr42	25	392	525	27	225
A572Gr42-1	40	397	516	26	189

经过力学性能的检测，实验钢的屈服强度、抗拉强度、断后伸长率、冲击功均能满足 Q345 级 GB/T 1591—2008 国家标准的性能要求。

为了比较钢板厚度方向上组织差异，金相试样沿钢板厚度方向在钢板上下表面、上下厚度 1/4 处、心部 5 个位置截取，经研磨、抛光腐蚀，在 LEICA DM 2500M 图像分析仪上进行显微组织观测。

图 6-4~图 6-6 所示分别为不同厚度规格 Q345B 的金相组织图像。根据图 6-4~图 6-6 的金相组织图像可以看出，工业化试制的 Q345 组织主要由铁素体和珠光体两部分组成。铁素体中碳含量较低，在金相组织中为白色，而珠光体为富碳组织，呈现黑色。

由于存在厚度差异，冷却速度由板坯心部向表面递增，珠光体组织比例从心部到上下表面逐渐升高，铁素体比例相对减少，而且铁素体晶粒尺寸减小。由此可以看出，增加冷却速率促进珠光体相变，抑制铁素体相变，并有利于细化晶粒。此外，采用超快速冷却工艺，板坯在厚度方向上并未出现带状组织，消除了各向异性，有利于组织的均匀化。

由于金相组织放大倍数较低，无法观察到珠光体区内部的组织形貌，因此，需通过扫描（SEM）电镜和透射（TEM）电镜对组织进行进一步观察。

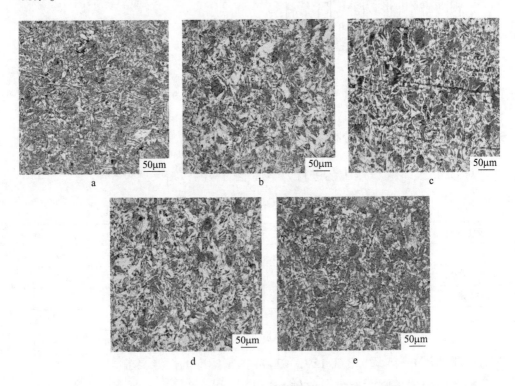

图 6-4　20mm 厚减量化 Q345B（DN）金相组织（200×）

a—上表面；b—距上表面 1/4 处；c—心部；d—距下表面 1/4 处；e—下表面

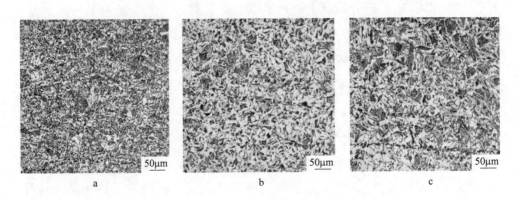

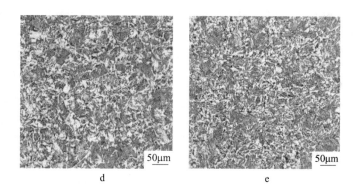

图 6-5 25mm 厚减量化 Q345B（A572Gr42）金相组织（200×）

a—上表面；b—距上表面 1/4 处；c—心部；d—距下表面 1/4 处；e—下表面

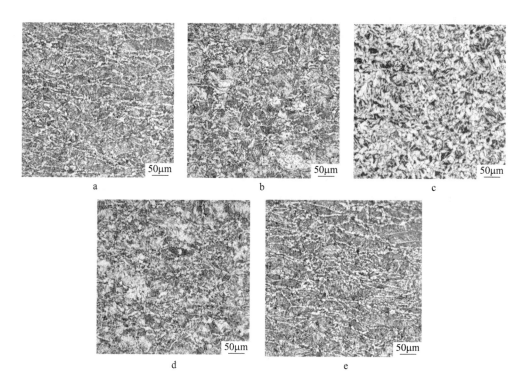

图 6-6 40mm 厚减量化 Q345B（A572Gr42-1）金相组织（200×）

a—上表面；b—距上表面 1/4 处；c—心部；d—距下表面 1/4 处；e—下表面

利用 FEI Quanta 600 型扫描（SEM）电镜对 Q345 的珠光体组织进行观察。图 6-7 所示为板坯厚度为 20mm 的 Q345B 钢在厚度方向上的扫描组织。

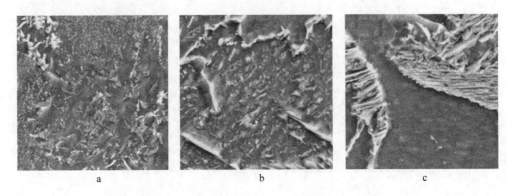

图 6-7　20mm 厚减量化 Q345B（DN）扫描组织

a—表面；b—距表面 1/4 处；c—心部

由图 6-7 可以看到，在板坯厚度方向上，由心部到表面渗碳体的形态逐渐由片层状向颗粒状转变。

在板坯表面的珠光体区，渗碳体已经不在呈片层状排布，而是颗粒形式存在，并且尺寸非常细小，普遍小于 100nm，达到纳米级别，这样的组织将对钢材的强度有突出贡献。

当然，这样的组织分布跟板坯厚度上的冷却速度的差异有关。图 6-8 所示模拟结果给出了板坯厚度为 20mm 的 Q345 钢在冷却过程中的温度场变化情况。可以看出，表面的冷却速度要明显高于心部。

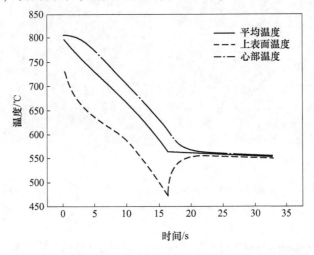

图 6-8　20mm 厚 DN 钢板在冷却过程中的温度变化情况

由于表面冷速大，过冷度更大，从而导致珠光体相变时相界面处自由能差增大，与此同时，C 的扩散系数随着温度的降低而明显下降，C 的扩散行为在超快速冷却条件下受到限制。因此，板坯表面在超高速的冷却条件下，渗碳体不易生长成片层状，而是以纳米颗粒的形式存在。

在板坯更厚的情况下，同样有相似的组织变化规律，如图 6-9 和图 6-10 所示。厚度为 25mm 和 40mm 时，Q345 钢板坯在冷却过程中的温度变化的模拟结果，如图 6-11 和图 6-12 所示。

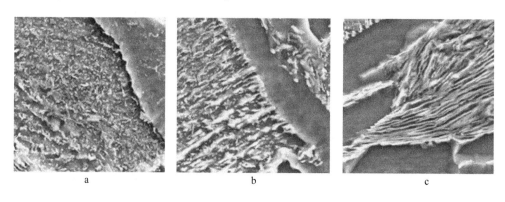

图 6-9 25mm 厚减量化 Q345B（A572Gr42）扫描组织

a—表面；b—距表面 1/4 处；c—心部

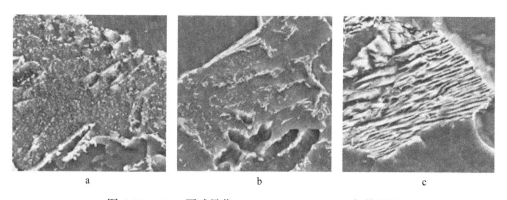

图 6-10 40mm 厚减量化 Q345B（A572Gr42-1）扫描组织

a—表面；b—距表面 1/4 处；c—心部

通过对工业试制后 Q345 钢的扫描组织进行观察，发现珠光体组织的变化规律与前期实验室的薄板坯热轧实验规律一致，即退化珠光体中的渗碳体随着冷速的增加和终冷温度的下降，逐渐从片层状向纳米颗粒状转变。

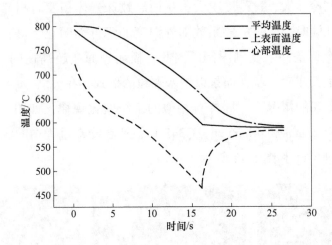

图 6-11　25mm 厚 A572Gr42 钢板在冷却过程中的温度变化情况

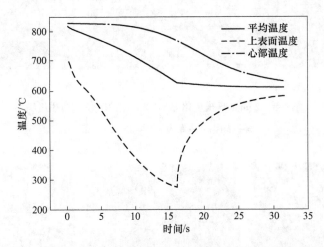

图 6-12　40mm 厚 A572Gr42-1 钢板在冷却过程中的温度变化情况

　　受板厚冷速的影响，板坯厚度的组织存在一定的差异性。在表面，渗碳体呈颗粒状，尺寸为 20～100nm；板坯 1/4 处，渗碳体为颗粒状向片层状过渡的点列状分布，板坯心部，渗碳体呈片层状分布，片层间距约为 150nm，如图 6-13 所示。

　　虽然在板坯心部的渗碳体并没有以纳米颗粒形式析出，但是珠光体的片层间距依然得到非常大的细化，同样有利于钢材的强韧化。因此，尽管板坯组织在厚度上存在差异性，但无论哪种组织形态都是超快速冷却技术实现组织细化的表现形式。3 个厚度的 Q345B 板坯存在相同的组织细化规律。

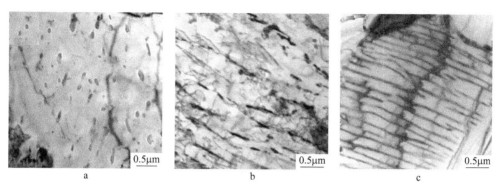

图 6-13 20mm 厚 DN 钢板的厚度组织形貌

a—表面；b—距表面 1/4 处；c—心部

图 6-14~图 6-16 所示为不同板厚 Q345 组织中退化珠光体区各个元素在电

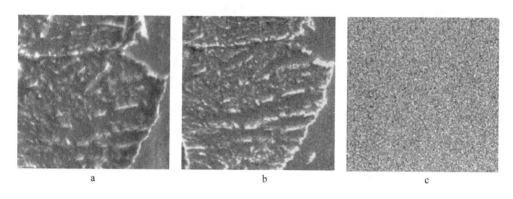

图 6-14 20mm 厚 Q345B（DN）钢板区域在电子探针下的面扫描图像

a—二次电子像；b—C 元素分布图；c—Mn 元素分布图

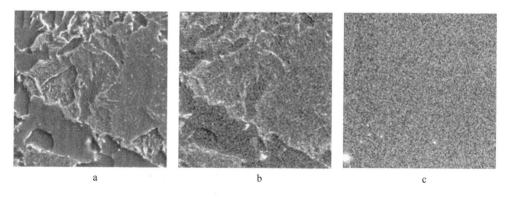

图 6-15 25mm 厚 Q345B（A572Gr42）钢板区域在电子探针下的面扫描图像

a—二次电子像；b—C 元素分布图；c—Mn 元素分布图

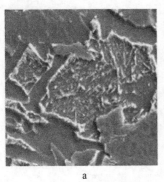 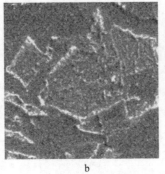 

a　　　　　　　　　　　　b　　　　　　　　　　　　c

图 6-16　40mm 厚 Q345B（A572Gr42-1）钢板区域在电子探针下的面扫描图像

a—二次电子像；b—C 元素分布图；c—Mn 元素分布图

子探针下的面扫描图像。可以看出，在超快冷条件下，碳元素以纳米渗碳体颗粒的形式析出，而锰元素则在基体中充分固溶、分布均匀，无明显的偏聚现象。由此可以认为冷速对间隙元素碳的扩散起到了抑制的作用，导致渗碳体无法形成片层结构而以纳米颗粒的形式析出。对于置换元素的锰而言，其扩散更加受到冷速的限制，因此作为弱碳化物形成元素的锰，几乎完全溶解于基体中，起到固溶强化的作用。该结论与 6.11 节减量化成分设计的理论分析相一致。

6.1.4　减量化 Q345 的批量化生产

通过 Q345B 的工业试制发现，利用超快速冷却技术完全可以实现 C-Mn 钢（Q345）减量化生产的工业目标，并且具备批量化生产的理论基础、技术条件和试制经验。因此，在现场开展了 Q345 钢的批量化生产。图 6-17～图 6-19 所示为用上述 3 种试制坯料生产的 Q345 钢的产品性能统计。

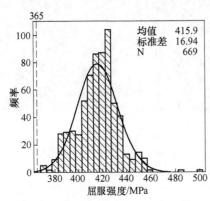 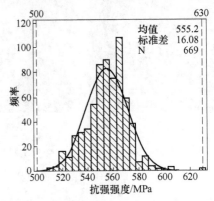

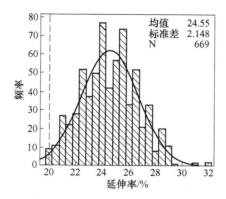

图 6-17 A572Gr42 坯料生产 12mm 厚 Q345 钢的各项性能正态分布

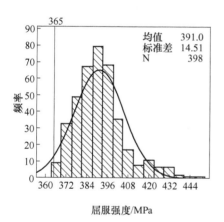

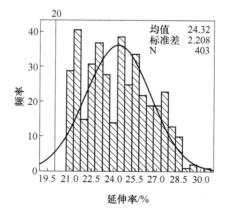

图 6-18 DN 坯料生产 20mm 厚 Q345 钢的各项性能正态分布

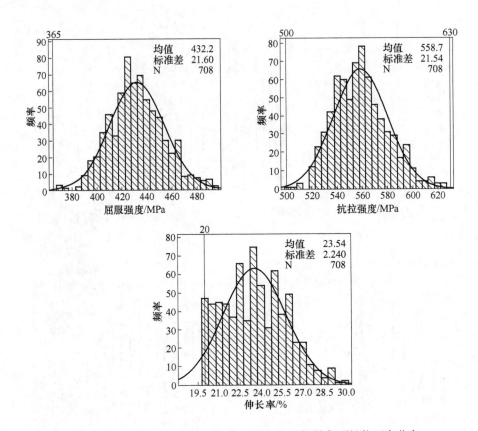

图 6-19　A572Gr42-1 坯料生产 30mm 厚 Q345 钢的各项性能正态分布

通过超快速冷却工艺，进行批量生产的成分减量化 Q345 钢，在各项性能的统计中都能稳定地达到性能要求，可以实现 Q345 减量化的工业生产。

6.2　以 Ti 代 Mn 减量化 Q345B 中厚板生产工艺研究

依托东北大学与韶钢合作的"3450mm 轧后超快速冷却设备研制及工艺开发"项目，开展了以 Ti 代 Mn、低成本高稳定性 Q345B 中厚板生产工艺研究[95]。

韶钢板材厂自超快速冷却系统上线后，Q345B 板采用了减锰和提高冷却速度、降低终冷温度的方法进行减量化生产，来降低系统制造成本，但钢板强度余量小、板形差、过程控制能力指数很低，存在较大的质量风险，同类型中厚板厂也都存在类似问题，故研发新的 Q345B 减量化生产工艺迫在眉睫。

项目组通过深入研究钛合金的特性，确定了其最佳添加含量，制定出了与新的合金体系配套的轧制及冷却工艺，开发出了一套低成本高稳定性的 Q345B 生产工艺，达到了规格普遍化、性能均匀化、生产稳定化的目的。

6.2.1 实验材料及方法

实验钢坯原始厚度为 220mm，产品目标厚度为 12mm 和 20mm。根据现场实际的生产情况，在原来 Q345 化学成分的基础上，采用了减量化的成分设计，降低了 Mn 合金元素，添加了微量 Ti 元素，表 6-7 为 UFC 工艺试制 Q345 的减量化成分。减量化后的成分中添加少量 Mn 元素，主要靠 Ti 实现产品性能提升。

表 6-7　热轧实验工艺参数

牌号	厚度/mm	化学成分/%					
		C	Mn	S	P	Si	Ti
Q345B	≤16	0.14~0.17	0.50~0.65	≤0.015	≤0.025	0.20~0.40	0.045~0.060
	16~40	0.14~0.17	0.60~0.75	≤0.015	≤0.025	0.20~0.40	0.055~0.070

6.2.2 实验方案

工业试验采用两阶段 TMCP 工艺，轧制过程中要求充分利用高温再结晶区轧制获得均匀细小的奥氏体晶粒，避开部分再结晶区，在奥氏体未结晶区合理安排压下规程，严格控制精轧开轧和终轧温度，利用低温轧制产生的应变累积效应，增强由晶内缺陷、形变硬化及残余应变诱发的相变驱动力，得到未再结晶区轧制的细晶效果，并通过轧后即刻进行强制冷却过程，促进奥氏体向铁素体相变，最终获得细晶的铁素体和珠光体组织。

基于以上原理，实验在韶钢中板厂 3450mm 生产线上进行，根据前期实验室的超快速冷却热轧试验结果，并结合该钢厂生产线设备布置情况，现场试制的冷却工艺为超快速冷却工艺，加热温度为 1240℃，保温时间为 4h，然后开轧。据前面热模拟试验结论，一阶段控制轧制在 1000~1100℃之间进行，二阶段控制轧制在 850~880℃之间进行。轧件经超快速冷却设备冷却，通过调节集管的组数及集管流量来控制冷却速度。终冷温度控制在 690~730℃之间。具体工艺参数见表 6-8。

表 6-8 热轧实验工艺参数

编号	成品板厚 /mm	精轧温度 /℃	终轧温度 /℃	入水温度 /℃	返红温度 /℃	冷却速度 /℃·s^{-1}
1 号	12mm	880	870	810	700	40
2 号	20mm	870	860	815	690	35

6.2.3 热轧钢板的组织性能检验结果

热轧钢板的力学性能见表 6-9。可以看出，板材厚为 12mm 规格的 2 块钢板各部分性能较均匀，性能相差不大，屈服强度波动范围在 40MPa 以内；板材厚为 20mm 规格的 2 块钢板各部分性能较均匀，性能相差不大，屈服强度波动范围在 50MPa 以内，4 块板均达到 Q345B 性能要求，并具有良好的低温冲击韧性。

表 6-9 热轧实验工艺参数

试样编号	位置	R_{eL}/MPa	R_m/MPa	A/%	A_{kv} (0℃)/J	A_{kv} (−20℃)/J	A_{kv} (−40℃)/J
1 号	头	433	551	26	160	82	25
	中	409	529	28	170	75	28
	尾	410	528	29	130	65	24
2 号	头	428	529	26	148	130	54
	中	393	495	29	140	83	45
	尾	390	498	30	132	77	26
3 号	头	495	598	24	116	91	28
	中	466	572	25	95	43	17
	尾	458	561	25	89	47	20
4 号	头	481	592	25	146	91	43
	中	433	542	27	125	75	51
	尾	423	535	28	126	73	30

为了比较钢板厚度方向上组织差异，取板材中部沿钢板厚度方向在钢板表面、厚度 1/4 处、心部三个位置截取金相试样。钢板金相组织主要是铁素体+珠光体，而且金相组织均匀，如图 6-20 所示。

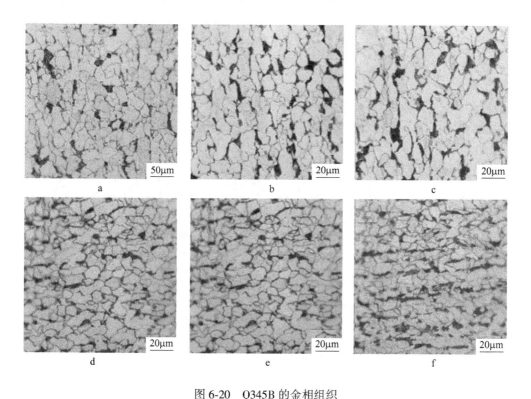

图 6-20 Q345B 的金相组织

a，b，c—12mm 厚表面、1/4 处和中心处；d，e，f—20mm 厚表面、1/4 和中心处

图 6-21 所示为实验钢板材 SEM 组织图像，从高倍扫描组织中可以看出其组织主要是铁素体+珠光体，在高倍扫描电镜下看到珠光体呈渗碳体和铁素体交替排列的片层状，并且珠光体片层较细，珠光体片层间距的大小影响钢板的强度和韧性，这是因为冷却速度快、珠光体形核率高、过冷度大、碳化物片层较薄。珠光体的片层间距小，对位错运动的阻碍作用会增大，有利于珠光体强度的提高。同时从扫描电子显微镜下可以看到有大块析出物和夹杂，这些性夹杂物与钢基体界面结合能低，在张应力的作用下容易成为裂纹源；夹杂物的尖端在应力作用下易产生应力集中引起开裂，因此，这些夹杂物和大块析出会对钢板韧性产生不良影响。

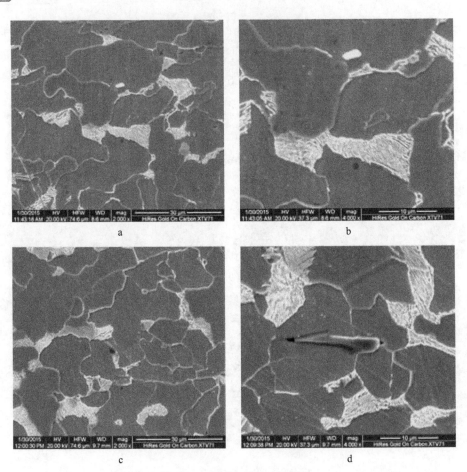

图 6-21　Q345B 的 SEM 组织

　　利用透射电镜对试制工艺 Q345B 成品的试样进行观察，在超快速冷却条件下的组织形貌如图 6-22 所示。从图 6-22 的透射组织进一步表明珠光体片层间距非常细小、组织均匀排列，值得注意的是，基体中存在大量纳米级碳化物析出，并且在部分晶粒中，在 12mm 厚规格中碳化物呈现点列状排布的相间析出形态。

　　在超快冷条件下，固溶于奥氏体中的 Ti 微合金元素在冷却过程中在奥氏体中的析出被抑制，使其在铁素体中析出，从而达到析出强化的效果。在700℃的返红温度下，被抑制的 Ti 微合金元素获得了足够的过饱和度，析出的热力学条件充分；并且在此温度下微合金元素又具有足够的扩散能力，具有有利的析出动力学条件，因此纳米级微合金碳化物大量析出，有效提高了析出强化效果。

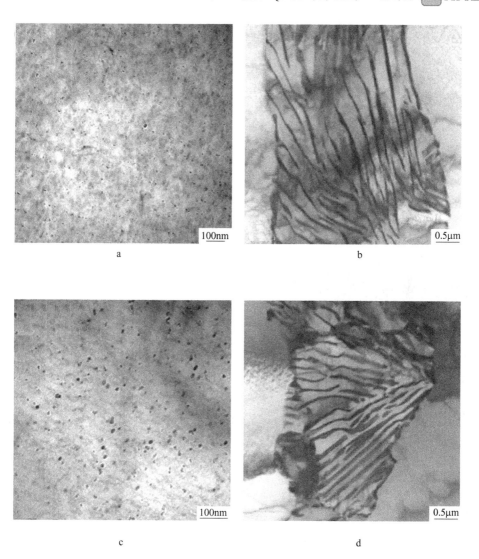

图 6-22 试验钢板的 TEM 照片

a，b—12mm 厚透射；c，d—20mm 厚透射

图 6-23 所示为实验钢-40℃下冲击试样断口形貌的扫描电镜图像。由图可以看出，断口大多都是解理断口，表面呈灰暗色，呈明显的脆性断裂，因此冲击功很小。从冲击试样的断口高倍扫描显微镜下可以看到断口裂纹，在裂纹走向上可以看到有大块夹杂物，能谱分析表明该夹杂物为氧化铝、氧化镁和碳氮化钛等，这些颗粒物易产生应力集中而导致钢的塑性和韧性下降。

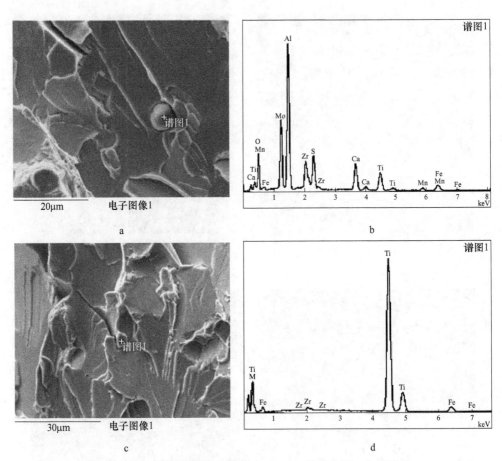

图 6-23 实验钢在不同终轧温度下 -40℃ 的冲击断口扫描形貌

a，b—夹杂物；c，d—Ti 析出物

6.3 Nb-Ti 微合金化 Q460C 中厚板的工业试制

目前 Q460C 中厚板成分设计路线采用低碳 Nb-V 微合金化，但 V 的价格上涨，因此现有 Q460C 中厚板存在合金成本高的问题。Nb-Ti 微合金化 Q460C 中厚板，通过控制轧制过程中形成的纳米尺度 (Nb，Ti)(C，N) 析出物，综合利用碳化物析出强化和铁素体晶粒细化，可改善钢材的组织性能。

在韶钢中厚板厂进行了 Q460C 钢的冶炼、连铸及控轧控冷实验。Q460C 减量化成分、轧制工艺参数、力学性能分别见表 6-10 ~ 表 6-13，钢板厚度方向各位置处的微观组织如图 6-24 和图 6-25 所示。减量化 Q460C 通过不添加 V，降低了合金成本，提高了钢板的力学性能和板形稳定性。

表 6-10　Q460C 减量化成分　　　　　　　　　　　　（%）

项目	C	S	P	Mn	Si	Als	Nb	Ti	V
原成分	0.15~0.18	≤0.005	≤0.020	≤1.5		≥0.015	0.04		0.03
减量化成分	0.18	0.001	0.013	1.5	0.28	0.026	0.038	0.026	—

表 6-11　Q460C 轧制工艺

检验批号	厚度 /mm	开轧温度 /℃	等温厚度 /mm	精轧开轧 /℃	终轧温度 /℃	水温 /℃	冷却方式（区、组数）	开冷温度 /℃	返红温度 /℃	实际冷速 /℃·s⁻¹
Z5803594L	30	1080	60	912	850	20	A4B3C3D2	780	600	11.8
Z5803597L	16		48	940	855		A3B3C4	740	600	14.5

表 6-12　Q460C 力学性能

检验批号	钢号	炉号	规格	力学试验			冲击（0℃）/J			
				屈服强度 /MPa	抗拉强度 /MPa	伸长率 /%	1	2	3	平均
Z5803594L	Q460C	5Z200335	30	495	655	19	80	109	93	94
Z5803597L	Q460C	5Z200335	16	540	675	23	166	127	168	154

表 6-13　实验钢的冲击韧性　　　　　　　　　　　　（J）

检验批号	厚度 /mm	冲击（-20℃）				冲击（-40℃）				冲击（-60℃）			
		1	2	3	平均	1	2	3	平均	1	2	3	平均
Z5803594L	30	23	42	40	35	9	8	9	8.7	6	6	6	6
Z5803597L	16	146	134	136	139	72	111	106	96	60	48	23	43

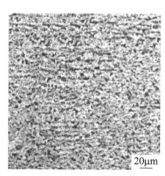 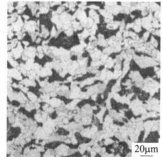 

a　　　　　　　　　　　b　　　　　　　　　　　c

图 6-24　Z5803594L 实验钢显微组织

a—表面；b—1/4 处；c—心部

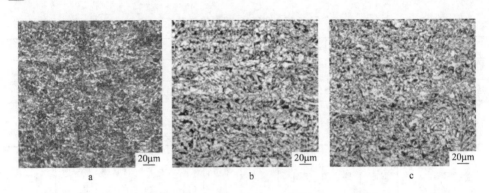

图 6-25 Z5803597L 钢显微组织

a—表面；b—1/4 处；c—心部

6.4 V(C, N) 微合金化 Q550D 中厚板工业化试制

目前 Q550D 中厚板成分设计路线采用低碳 Nb 微合金化，为了提高钢板心部强韧性，需添加昂贵的 Ni、Mo、Cr、Cu 等合金提高淬透性，终冷温度 500~550℃ 获得低碳贝氏体组织，因此现有 Q550D 中厚板存在合金成本高、矫直困难等难题。V-(C, N) 微合金化 Q550D 中厚板，通过控制轧制过程中形成的纳米尺度 V(C, N) 析出物可促进针状铁素体形核[96~98]，综合利用析出强化和针状铁素体组织强化作用，可改善钢材的组织性能。

6.4.1 实验材料及实验方法

在唐钢中厚板厂进行了低碳 V-(C, N) 微合金化钢的冶炼、连铸及控轧控冷实验。

实验钢化学成分（质量分数,%）：0.1C-1.8Mn-0.1V-0.018N。

控制轧制工艺：220mm 厚的连铸坯，开轧温度 1020~1050℃，采用四辊可逆轧机轧制 6 道次至待温厚度 90mm，空冷至 850~900℃ 后，经 6~8 道次轧制至成品厚度 30mm，终轧温度 800~850℃。

控制冷却工艺：终轧后空冷至 750~780℃ 后，经加速冷却系统（UFC）冷却至 660℃（A 钢）、630℃（B 钢）、570℃（C 钢）后，空冷至室温。

6.4.2 组织性能分析及强韧性研究

实验钢不同厚度不同终冷温度的 OM 显微组织如图 6-26 所示。A 钢全厚度均由多边形铁素体和针状铁素体组成，带状组织平行于轧制方向。1/8 厚度处存在大量的多边形铁素体晶粒尺寸为 8~15μm（图 6-26a），1/4 和 1/2 厚度处铁素体晶粒尺寸粗大，为 15~20μm（图 6-26b、c）。B 钢也由多边形铁素体和珠光体组成。在 1/8 厚度处带状结构消失，铁素体显著细化至 5~8μm（图 6-26d）。而且与 A 钢 1/4 厚度相比，B 钢铁素体晶粒尺寸更均匀（图 6-26e），但 1/2 厚度处主要为 15~20μm 粗大铁素体（图 6-26f）。C 钢显微组织为均匀分布的细晶铁素体、针状铁素体、少量珠光体，从 1/8 向 1/2 厚度处

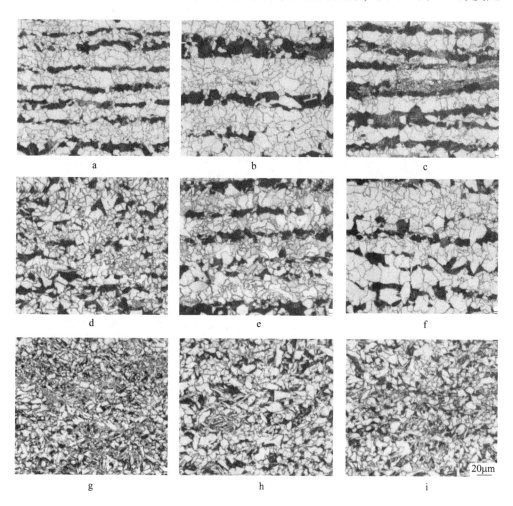

图 6-26　实验钢不同厚度不同终冷温度的 OM 显微组织

a—A 钢 1/8 厚度；b—A 钢 1/4 厚度；c—A 钢 1/2 厚度；d—B 钢 1/8 厚度；e—B 钢 1/4 厚度；

f—B 钢 1/2 厚度；g—C 钢 1/8 厚度；h—C 钢 1/4 厚度；i—C 钢 1/2 厚度

针状铁素体比例降低。铁素体晶粒在 1/8 厚度处为 3~5μm，在 1/4 厚度至1/2 厚度处为 5~12μm。变形带消失（图 6-26g、i）。

实验钢 1/4 厚度处 EBSD 分析的晶体学特征如图 6-27 所示。A 钢和 B 钢

图 6-27　实验钢 1/4 厚度处 EBSD 分析的晶体学特征

a—A 钢位相图；b—A 钢含有晶界错配度的质量图；c—B 钢位相图；d—B 钢含有
晶界错配度的质量图；e—C 钢位相图；f—C 钢含有晶界错配度的质量图

中大部分多边形铁素体含有大角度晶界，在多边形铁素体中一些亚晶界为低角度晶界（图 6-27b、d）。C 钢中细小互相交织的针状铁素体板条含有大角度晶界（图 6-27f）。随着终冷温度的降低大角度晶界密度提高。

实验钢 1/4 厚度处 TEM 显微组织如图 6-28 所示。A 钢中珠光体团簇由交替的渗碳体和铁素体层组成。层间距为 80~150nm，部分碳化物不连续分布（图 6-28a）。混合析出物主要为 5~10nm 和 10~20nm（图 6-28b）。B 钢中珠光体团簇层间距为 50~100nm，部分渗碳体板条非连续（图 6-28c），称为退化珠光体。研究表明退化珠光体形成依靠渗碳体在铁素体/奥氏体界面处形核，继而在普通珠光体和上贝氏体相变温度区间无碳化物铁素体层包围渗碳体粒子。与片层珠光体相似，根据退化珠光体形态，其也依靠扩散过程形成，不同在于在低终冷温度 C 扩散能力不足以形成连续层状结构。大部分析出物为 3~8nm，也有 30~40nm 析出物。与 A 钢相比，纳米尺度析出物比例显著提高（图 6-28d）。C 钢中互相交织的针状铁素体板条宽度为 300~800nm，并含有高密度的位错线和位错胞（图 6-28e）。随着过冷度的增大，均匀尺寸析出物的临界核胚增多，由于原子扩散系数随着等温温度降低呈指数减小，析出物粗化速率显著降低，最终 C 钢中含有高密度的 3~5nm 析出物（图 6-28f）。

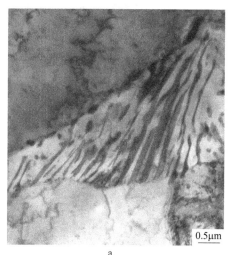

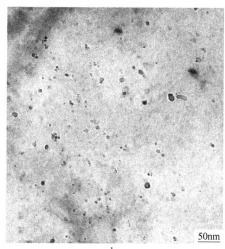

a   b

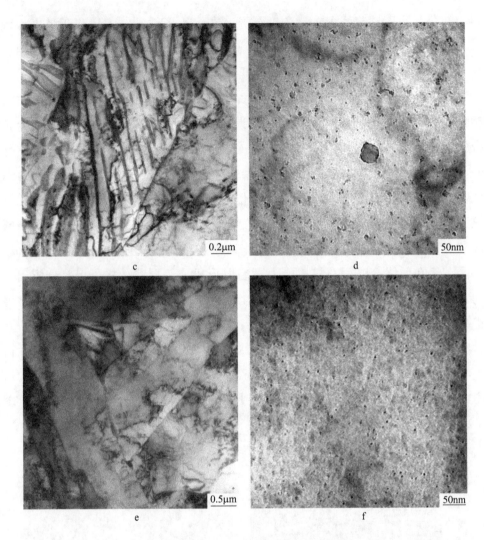

图 6-28 实验钢 1/4 厚度处 TEM 显微组织

a—A 钢中铁素体和珠光体形貌；b—A 钢中析出物；c—B 钢中铁素体和退化珠光体形貌；

d—B 钢中析出物；e—C 钢中针状铁素体形貌；f—C 钢中析出物

A 钢屈服强度、抗拉强度、伸长率分别为 557MPa、672MPa、22%。B 钢屈服强度小幅提高至 565MPa，获得了与 A 钢相似的抗拉强度 670MPa，伸长率 23%。C 钢的屈服强度和抗拉强度同步提高至 625MPa 和 724MPa，伸长率为 20%。屈强比从 0.83、0.84 至 0.86 逐步提高。

实验钢高屈服强度取决于如下强化机制：（1）置换原子（Mn 和 Si）和

间隙原子（C 和 N）的固溶强化；（2）纳米尺度 V（C，N）粒子的析出强化；（3）位错强化；（4）大角度晶界强化；（5）针状铁素体板条的相变强化。

A 钢和 B 钢终冷温度 630℃ 和 660℃ 处于铁素体-珠光体相变区。与 A 钢相比，B 钢屈服强度小幅提高取决于多边形铁素体更细的晶粒尺寸和更高体积分数的纳米尺度 VC 析出物；当终冷温度降低至 570℃，形成大量含有高密度、高角度晶界/板条束界面的高角度晶界和高密度位错可显著增强屈服强度。基于著名的 Orowan-Ashby 模型[99]，最近 Gladman 提出析出强化作用主要取决于在给定滑移面的平均粒子间距，对于随机分布的粒子，可以替代随机选定观察面的平均间距；最有效的直径处于剪切/非剪切转变点，尺寸大约 5nm。最佳间距的高密度的 3~5nm V（C，N）析出物与高密度的位错交互使得 C 钢获得了最高屈服强度。

A 钢实验温度-20℃、-40℃ 和-60℃，冲击功分别为 171J、102J、47J，标准差分别为 11.2、33.2、31.1。B 钢-20℃ 平均冲击功 170J，标准差减少至 7.5；在-40℃ 冲击功提高至 143J，标准差 9.0；当冲击温度为-60℃ 时，冲击功显著降低至 50J，均匀性提高，标准差为 7.6。与 A 钢和 B 钢相比，C 钢获得了最高的冲击功，-20℃ 为 195J，-40℃ 为 168J，-60℃ 为 149J；标准差分别为 7.4、9.3、8.5。

低温冲击韧性取决于裂纹形成功和裂纹扩展功；受显微组织、晶粒尺寸、晶体学位相关系、均质性的影响，也取决于微相（夹杂物、碳化物和析出物）。对于裂纹形成功，渗碳体和微合金碳氮化物由于硬度高于周围的基体组织成为裂纹源。依据 Griffith 裂纹扩展理论[100]，粗大的硬相减少裂纹形成功，有助于裂纹形成，尤其当它们呈现聚集状态时。对于弥散的粒状相，微裂纹尺寸可以被粗略地认为最大直径，微裂纹形成功随着尺寸的减小而提高。因此，弥散的 30~50nm（Ti，V）N、15~30nm V（C，N）和纳米尺度 VC 对韧性无害。

A 钢中粗大的珠光体不均匀变形，使应变集中于狭窄的滑移带；而 B 钢中细小的退化珠光体变形过程经历了均匀的应变分布。也有报告指出，即使渗碳体是硬脆相，当渗碳体片层很薄时能够承受大的应变。而且与 A 钢片层珠光体相比，由于退化珠光体细小的团簇尺寸，B 钢中渗碳体的体积分数较少，结果使冲击韧性微有提高。裂纹扩展功取决于大角度晶界的密度。晶粒/板条束的大角度晶界能有效偏离甚至阻止解理裂纹的扩展，而低角度晶界使裂纹转向的能力较弱，因此，C 钢冲击韧性的显著提高取决于形成的高密度、大角度晶界/板条束界面针状铁素体替代了脆性的珠光体。

6.4.3　工业实验结果

实验钢在终冷温度 660℃ 含有多边形铁素体和珠光体组织。随着终冷温度降低至 630℃，退化珠光体取代了层状珠光体，1/8 厚度处多边形铁素体晶粒尺寸从 8~15μm 显著降低至 5~8μm；珠光体团簇由交替的渗碳体和铁素体片层组成，层间距为 80~150nm；退化珠光体层间距为 50~100nm，更多的渗碳体呈不连续状态；1/4 和 1/2 厚度处带状结构平行于轧向，1/2 厚度处仍然为大量的 15~20μm 粗大铁素体。

当终冷温度为 570℃，钢板全厚度由细晶多边形铁素体、针状铁素体和少量珠光体组成，变形带消失。原奥氏体晶粒内部呈现针状铁素体板条束，表明晶内形核特征。钢板全厚度针状铁素体板条宽度为 0.5~1μm。细小互相交织的针状铁素体板条具有大角度晶界。大角度晶界密度随着终冷温度的降低而提高。纳米尺度 VC 析出物形成于铁素体相变区，体积分数随着终冷温度的降低而显著提高。

当终冷温度为 570℃ 时，实验温度在 −60℃ 获得了高屈服强度（625MPa）和优异的冲击韧性（149J）。强度的提高主要取决于针状铁素体的相变强化和高体积分数 3~5nm VC 析出物的析出硬化。形成的具有高密度大角度晶界/板条束界面的针状铁素体替代脆性的珠光体，对冲击韧性的改善起到了决定的作用。

7 结　论

（1）纳米析出强化作为细晶强化之外的重要强化方式，是钢铁材料发展的重要方向之一。本项目利用超快冷技术对低碳钢中纳米碳化物析出相的控制机理与工艺开展研究，通过新一代 TMCP 控制理论与技术，充分发挥析出强化作用。

（2）基于规则溶体模型、双亚点阵模型和质量守恒定律建立了适用于理想型和缺位型析出相的热力学模型。探究了 Fe-C-Ti-V-Nb-N 系合金中（Ti，Nb，V）（C，N）复合相的全固溶温度随各组元名义成分的变化规律，计算了基体及析出相的平衡成分随温度的变化情况。

（3）基于经典形核和长大理论，建立了复合相析出动力学计算模型，预测了 650℃时铁素体中（Nb_xV_{1-x}）C 及 850~1000℃内奥氏体中（$Ti_xNb_vV_{1-x-v}$）C 的等温析出行为，包括析出相的形核率、数量密度、粒子尺寸及溶质浓度随时间的变化情况。预测得到的粒子尺寸平均值与实测值较吻合。

（4）通过对微合金钢的超快冷工艺研究及对析出物的定性、定量统计分析发现，超快速冷却条件或添加微合金元素，均可促进纳米碳化物的析出强化，进而提高钢的强度；通过控制一定超快速冷却工艺，可以同时获得纳米微合金碳化物和纳米渗碳体，两者可同时起到析出强化作用。Ti 元素的添加，可增加 TiC 相间析出数量密度，细化析出粒子尺寸，增强析出强化效果；Ti 微合金钢超快冷至 580℃时，低碳 Ti 微合金钢屈服强度可达 650MPa，−20℃ 冲击功可到 90 J。对析出物进行分析可知，除了 TiC，同时存在大量纳米级 Fe_3C，纳米级 Fe_3C 由于体积分数较大，可以获得比 TiC 更大的析出强化增量，两者共同析出强化量可达 350MPa。Nb-V 实验钢超快速冷却至不同温度时，析出物的尺寸为 3~5nm，纵横比均接近于 1，且随终冷温度的降低，析出物尺寸逐渐减小。终冷温度为 620℃时析出强化对屈服强度的贡献最大，可达到 25.6%。随着等温时间的延长，复合析出相中 V 与 Nb 的原子比例逐渐升高，晶格常数降低。随着复合析出中 V 原子含量的升高，复合析出相的形核界面能、临界形核尺寸和临界形核功均减小，即 V 原子含量的增加更有利于复合析出碳化物的形核。根据 Avrami 方程对复合 PTT 曲线进行计算可知，复合析出物（Nb，V）C 具有"C 曲线"特征，最佳析出温度约为 650℃。通过对复合析出机制研究可知，（Nb，V）C 复合碳化物形成有两种机制，分别为置换型和异质形核型复合析出。

（5）基于 KRC 和 LFG 热力学模型对 Fe-C 合金过冷奥氏体的相变驱动力进行了计算。根据计算结果发现，过冷奥氏体以退化珠光体方式转变的驱动力随碳含量变化影响最小，在相同温度条件下，过冷奥氏体组织发生退化珠光体转变，分解生成平衡浓度的渗碳体和铁素体的转变驱动力最大，是最有可能发生的相变过程。同时，在实际冷却过程中，相变呈现多样性和局域性。根据平衡浓度计算结果，在过冷奥氏体组织中先共析铁素体附近存在大量的富 C 区，局部 C 的摩尔分数可达到 0.04~0.08，这部分高浓度的奥氏体分解析出纳米级渗碳体的倾向性更大。

（6）利用超快速冷却技术，研究了 4 种不同碳含量的亚共析钢热轧后组织中渗碳体的析出和强化行为。实验结果显示，在超快速冷却条件下，0.04%C 和 0.5%C 实验钢的主要强化方式分别是细化晶粒和细化珠光体片层间距，组织中无纳米渗碳体析出。0.17%C 和 0.33%C 实验钢的组织中发现大量弥散的纳米级渗碳体析出，颗粒平均直径大约为 20~30nm。通过超快速冷却技术实现了在无微合金元素添加条件下渗碳体的纳米级析出。随着超快速冷却终冷温度的降低，铁素体组织逐渐减少，珠光体组织比例增多，实验钢的屈服强度和抗拉强度都逐渐增加。

（7）项目形成的超快速冷却工艺下纳米碳化物析出相控制理论与技术，可在不添加或少添加微合金元素的条件下显著提高钢材综合性能，为发展析出强化型和综合强化型高性能钢提供物理冶金学指导，亦可推广应用于其他金属材料领域，具有重要的科学意义。项目成果在鞍钢、南钢、宝武韶钢和三明钢厂等企业得到应用，实现了低合金钢的减量化生产和普碳钢的升级，促进了钢铁企业"资源节约、节能减排"绿色化发展。

参 考 文 献

[1] Gladman T. The Physical Metallurgy of Microalloyed Steels [M]. London: The Institute of Materials, 1997.

[2] Meyer L, Heisterkamp F, Mueschenborn W. Columbium, titanium, and vanadium in normalized, thermo-mechanically treated and cold-rolled steels [C] //Proceedings of an International Symposium on HSLA Steels, Microalloying, 1975: 1~3.

[3] Meyer L, Heisterkamp F, Mueschenborn W. Microalloying 75 [C] //Proceedings of International Conference Union Carbide Corporation, 1977: 153.

[4] Kamikawa N, Abe Y, Miyamoto G, et al. Tensile Behavior of Ti, Mo-added Low Carbon Steels with Interphase Precipitation [J]. ISIJ International, 2014, 54 (1): 212~221.

[5] Jiang J H, Lee C H, Heo Y U, et al. Stability of (Ti, M) C (M=Nb, V, Mo and W) carbide in steels using first-principles calculations [J]. Acta Materialia, 2012, 60 (1): 208~217.

[6] Jiang J H, Heo Y U, Lee C H, et al. Interphase precipitation in Ti-Nb and Ti-Nb-Mo bearing steel [J]. Materials Science And Technology, 2013, 29 (3): 309~313.

[7] Jiang S H, Wang H, Wu Y, et al. Ultrastrong steel via minimal lattice misfit and high-density nanoprecipitation [J]. Nature, 2017, 544 (7651): 460~464.

[8] Chen C Y, Yen H W, Kao F H, et al. Precipitation hardening of high-strength low-alloy steels by nanometer-sized carbides [J]. Materials Science and Engineering a-Structural Materials Properties Microstructure and Processing, 2009, 499 (1-2): 162~166.

[9] Zhang Y J, Miyamoto G, Shinbo K, et al. Effects of transformation temperature on VC interphase precipitation and resultant hardness in low-carbon steels [J]. Acta Materialia, 2015, 84: 375~384.

[10] Lee H M, Allen S M, Grujicic M. Coarsening resistance of M2C carbides in secondary hardening steels: Part II. Alloy design aided by a thermochemical database [J]. Metallurgical Transactions A, 1991, 22 (12): 2869~2876.

[11] Dutta B, Palmiere E J, Sellars C M. Modelling the kinetics of strain induced precipitation in Nb microalloyed steels [J]. Acta Materialia, 2001, 49 (5): 785~794.

[12] Mulholland M D, Seidman D N. Multiple dispersed phases in a high-strength low-carbon steel: An atom-probe tomographic and synchrotron X-ray diffraction study [J]. Scripta Materialia, 2009, 60 (11): 992~995.

[13] Kolli R P, Seidman D N. Co-Precipitated and Collocated Carbides and Cu-Rich Precipitates in

a Fe-Cu Steel Characterized by Atom-Probe Tomography [J]. Microscopy And Microanalysis, 2014, 20 (6): 1727~1739.

[14] Kesternich W. Dislocation-controlled precipitation of TiC particles and their resistance to coarsening [J]. Philosophical Magazine A, 1985, 52 (4): 533~548.

[15] Kapoor M, Isheim D, Ghosh G, et al. Aging characteristics and mechanical properties of 1600MPa body-centered cubic Cu and B2-NiAl precipitation-strengthened ferritic steel [J]. Acta Materialia, 2014, 73: 56~74.

[16] 傅杰, 康永林, 柳德橹, 等. CSP 工艺生产低碳钢中的纳米碳化物及其对钢的强化作用 [J]. 北京科技大学学报, 2003, 25 (4): 328~331.

[17] 傅杰. 新一代低碳钢 HSLC 钢 [J]. 中国有色金属学报, 2004 (s.1): 82~90.

[18] 傅杰, 吴华杰, 刘阳春, 等. HSLC 和 HSLA 钢中的纳米铁碳析出物 [J]. 中国科学: E 辑, 2007, 37 (1): 43~52.

[19] Fu J, Li G Q, Mao X P, et al. Nanoscale Cementite Precipitates and Comprehensive Strengthening Mechanism of Steel [J]. Metallurgical And Materials Transactions A, 2011, 42 (12): 3797~3812.

[20] Mizuno R, Matsuda H, Funakawa Y, et al. Influence of Microstructure on Yield Strength of Ferrite-Pearlite Steels [J]. Tetsu to Hagane-Journal of the Iron And Steel Institute of Japan, 2010, 96 (6): 414~423.

[21] Li Y, Choi P, Borchers C, et al. Atomic-scale mechanisms of deformation-induced cementite decomposition in pearlite [J]. Acta Materialia, 2011, 59 (10): 3965~3977.

[22] 罗衍昭, 张炯明, 肖超, 等. 低碳 Nb-Ti 二元微合金钢析出过程的演变 [J]. 北京科技大学学报, 2012, 34: 775~782.

[23] Xu Y, Tang D, Song Y. Equilibrium modeling of (Nb, Ti, V) (C, N) precipitation in austenite of microalloyed steels [J]. Steel Research International 2013, 84: 560~564.

[24] Opiela M. Thermodynamic analysis of the precipitation of carbonitrides in microalloyed steels [J]. Materiali in Tehnologije, 2015, 49: 395~401.

[25] Sharma R C, Lakshmanan V K, Kirkaldy J S. Solubility of niobium carbide and niobium carbonitride in alloyed austenite and ferrite [J]. Metallurgical & Materials Transactions A, 1984, 15: 545~553.

[26] Balasubramanian K, Kroupa A, Kirkaldy J S. Experimental investigation of the thermodynamics of Fe-Nb-C austenite and nonstoichiometric niobium and titanium carbides (T = 1273 to 1473K) [J]. Metallurgical & Materials Transactions A, 1992, 23: 729~744.

[27] 许云波, 于永梅, 吴迪, 等. Nb 微合金钢析出行为的热力学计算 [J]. 材料研究学报,

2006, 20: 104~108.

[28] 郝士明, 蒋敏, 李洪晓. 材料热力学 [M]. 北京: 化学工业出版社, 2010.

[29] Mori T, Tokizane M, Yamaguchi K, et al. Thermodynamic properties of niobium carbides and nitrides in steels [J]. Tetsu- to- Hagane, 1968, 54: 763~776.

[30] Perez M, Courtois E, Acevedo D, et al. Precipitation of niobium carbonitrides in ferrite: Chemical composition measurements and thermodynamic modelling [J]. Philosophical Magazine Letters, 2007, 87: 645~656.

[31] Adrian H. Thermodynamic model for precipitation of carbonitrides in high strength low alloy steels containing up to three microalloying elements with or without additions of aluminum [J]. Materials Science and Technology, 1992, 8: 406~420.

[32] Liu W J, Jonas J J. Nucleation kinetics of Ti carbonitride inmicroalloyed austenite [J]. Metallurgical & Materials Transactions A, 1989, 20: 689~697.

[33] Perrard F, Deschamps A, Maugis P. Modelling the precipitation of NbC on dislocations in α-Fe [J]. Acta Materialia 2007, 55: 1255~1266.

[34] Johnson W A, Mehl R F. Reaction kinetics in processes of nucleation and growth [J]. Trans. AIME, 1939, 135: 396~415.

[35] Avrami M. Kinetics of phase change. I General theory [J]. The Journal of Chemical Physics, 1939, 7: 1103~1112.

[36] Avrami M. Kinetics of phase change. II Transformation-time relations for random distribution of nuclei [J]. The Journal of Chemical Physics, 1940, 8: 212~224.

[37] Okaguchi S, Hashimoto T. Computer model for prediction of carbonitride precipitation during hot working in Nb-Ti bearing HSLA steels [J]. ISIJ International, 1992, 32: 283~290.

[38] Zener C. Theory of growth of spherical precipitates from solid solution [J]. Journal of Applied Physics, 1949, 20: 950.

[39] 李小琳, 王昭东, 邓想涛, 等. 超快冷终冷温度对含 Nb-V-Ti 微合金钢组织转变及析出行为的影响 [J]. 金属学报, 2015, 51: 784~790.

[40] Quispe A, Medina S F, Gómez M, et al. Influence of austenite grain size on recrystallization-precipitation interaction in a V-microalloyed steel [J]. Materials Science and Engineering A, 2007, 447: 11~18.

[41] Deschamps A, Brechet Y. Influence of predeformation and ageing of an Al-Zn-Mg alloy—II. Modeling of precipitation kinetics and yield stress [J]. Acta Materialia, 1998, 47: 293~305.

[42] Freeman S, Honeycombe R W K. Strengthening of Titanium by carbide precipitation [J]. Metal Science, 1977, 11: 59~64.

［43］ Kestenbach H J. Dispersion hardening by niobium carbonitride precipitation in ferrite ［J］. Journal of Materials Science and Technology, 1997, 13 (9)：731~739.

［44］ Ricks R A, Howell P R. The formation of discrete precipitate dispersions on mobile interphase boundariesin iron-base alloys ［J］. Acta Metallurgica, 1983, 31 (6)：853~861.

［45］ Charleux M, Poole W J, Militzer M, et al. Precipitation behavior and its effect on strengthening of an HSLA-Nb/Ti steel ［J］. Metallurgical and Materials Transactions A, 2001, 32A (7)：1635~1647.

［46］ 王斌, 刘振宇, 周晓光, 等. 超快速冷却条件下亚共析钢中纳米级渗碳体析出的相变驱动力计算 ［J］. 金属学报, 2013, 49 (1)：26~34.

［47］ 刘宗昌, 袁泽喜, 刘永长. 固态相变 ［M］. 北京：机械工业出版社, 2010.

［48］ Kaufman L, Radcliffe S V, Cohen M. Decomposition of Austenite by Diffusional Processes ［M］. Zackay V F, Aaronson H I, edited. New York：Interscience, 1962：313.

［49］ Lacher J R. The Statistics of the Hydrogen-Palladium System ［J］. Mathematical Proceedings of the Cambridge Philosophical, 1937, 33 (4)：518~523.

［50］ Fowler R H, Guggenheim E A. Statistical Thermodynamics ［M］. New York：Cambridge University Press, 1939：442.

［51］ McLellan R B, Dunn, W W. A quasi-chemical treatment of interstitial solid solutions：It application to carbon austenite ［J］. Journal of Physics and Chemistry of Solids, 1969, 30 (11)：2631~2637.

［52］ 徐祖耀, 李麟. 材料热力学 ［M］. 北京：科学出版社, 2001.

［53］ 方鸿生, 王家军, 杨志刚, 等. 贝氏体相变 ［M］. 北京：科学出版社, 1999.

［54］ Mou Y W, Hsu T Y. Thermodynamics of the bainitic transformation in Fe-C alloys ［J］. Acta Metallurgica, 1984, 32 (9)：1469~1481.

［55］ Machlin E S. On the carbon-carbon interaction energy in iron ［J］. Transactions of the Metallurgical Society of AIME, 1968, 242：1845~1848.

［56］ Aaronson H I, Domain H A, Pound G M. Thermodynamics of the Austenite-Proeutectoid Ferrite Transformation. I, Fe-C Alloys ［J］. Transactions of the Metallurgical Society of AIME, 1966, 236：753~772.

［57］ Shiflet G J, Bradley J R, Aaronson H I. A re-examination of the thermodynamics of the proeutectoid ferrite transformation in Fe-C alloys ［J］. Metallurgical Transactions A, 1978, 9A (7)：999~1008.

［58］ 徐祖耀. 相变原理 ［M］. 北京：科学出版社, 1988.

［59］ Kaufman L, Clougherty E V, Weiss R J. The lattice stability of metals—III. Iron ［J］ Acta

Metallurgica, 1963, 11 (5): 323~335.

[60] Mogutnov B M, Tomilin I A, Shartsman L A. Thermodynamics of Fe-C Alloys [M]. Moscow: Metallurgy Press, 1972: 109.

[61] Orr R L, Chipman J. Thermodynamic Functions of Iron [J]. Transactions of the Metallurgical Society of AIME, 1967, 239: 630~634.

[62] Darken L S, Gurry R W. Physical Chemistry of Metals [M]. New York: McGraw-Hill, 1953: 401.

[63] 王占学. 控制轧制控制冷却 [M]. 北京: 冶金工业出版社, 1988.

[64] 小指军夫. 控制轧制控制冷却——改善钢材材质的轧制技术发展 [M]. 李伏桃, 陈岿, 译. 北京: 冶金工业出版社, 2002.

[65] 唐荻. 新形势下对轧钢技术发展方向和钢材深加工的探讨 [J]. 中国冶金, 2004 (8): 14~21.

[66] 田村今男. 高强度低合金钢的控制轧制与控制冷却 [M]. 王国栋, 刘振宇, 熊尚武, 译. 北京: 冶金工业出版社, 1992.

[67] 孙艳坤. 轴承钢热轧组织控制机理与超快速冷却研究 [D]. 沈阳: 东北大学, 2009.

[68] Cuddy L J. Microstructures developed during thermomechanical treatment of HSLA steels [J]. Metall Traps A, 1981, 12A: 1313~1320.

[69] Cota A B, Modenesi P J, Barbosa R, et al. Determination of CCT diagrams by thermal analysis of an HSLA bainitic steel submitted to thermomechanical treatment [J]. Scripta Materialia, 1998, 40 (2): 165~169.

[70] Pereloma E V, Boyd J D. Effects of simulated on line accelerated cooling processing on transformation temperatures and microstructure in microalloyed steels [J]. Material Science and Technology, 1996, 12 (12): 1043~1051.

[71] 冯光宏, 杨钢, 杨德江, 等. 加速冷却对低碳锰铌钛钢力学性能的影响 [J]. 钢铁, 2000, 35 (3): 22~25.

[72] 彭良贵, 刘相华, 王国栋. 超快冷却条件下温度场数值模拟 [J]. 东北大学学报 (自然科学版), 2004, 25 (4): 360~362.

[73] Simon P, Riche P H. Ultra-fast cooling in the hot strip mill [J]. Verein Deutscher Eisenhuttenleute, 1994, (3): 179~183.

[74] Buzzichelli G, Anelli E. Present status and perspectives of European research in the field of advanced structural steels [J]. ISIJ international, 2002, 42 (12): 1355~1356.

[75] Leeuwe Y V, Onink M, Sietsm J, et al. The grammar-alpha transformation kinetics of low carbon steel under ultra-fast Cooling conditions [J]. ISIJ International, 2001, 41 (9):

1037~1046.

[76] Lucas A, Simon P, Bourdon G, et al. Metallurgical aspects of ultra fast cooling in front of the down-coiler [J]. Steel Research, 2004, 75 (2): 139~146.

[77] 刘相华, 余广夫, 焦景民, 等. 超快速冷却装置及其在新品种开发中的应用 [J]. 钢铁, 2004, 39 (8): 71~74.

[78] Mizuno R, Matsuda H, Funakawa Y, et al. Influence of microstructure on yield strength of ferrite pearlite steels [J]. Tetsu-to-hagane, 2010, 96 (6): 414~423.

[79] Pereloma E V, Timokhina I B, Hodgson P D, et al. Nanoscale Characterisation of Advanced High Strength Steels Using Atom Probe Tomography, Simpro' 08, December 09-11, 2008, Ranchi, INDIA, 256~266.

[80] Fu J, Wu H J, Liu Y C, et al. Nano-scaled iron-carbon precipitates in HSLC and HSLA steels [J]. Science in China Series E: Technological Sciences, 2007, 50 (2): 166~176.

[81] Cai M H, Ding H, Lee Y K, et al. Effects of Si on Microstructural Evolution and Mechanical Properties of Hot-rolled Ferrite and Bainite Dual-phase Steels [J]. ISIJ International, 2011, 51 (3): 476~481.

[82] Yamashita T, Torizuka S, Nagai K. Effect of Mn segregation on fine-grained ferrite structure in low-carbon steel slabs [J]. ISIJ International, 2003, 43 (11): 1833~1841.

[83] Funakawa Y, Shiozaki T, Tomita K, et al. Development of high strength hot rolled sheet steel consisting of ferrite and nanometer-sized carbides [J]. ISIJ International, 2004, 44 (11): 1945~1951.

[84] 王斌, 周晓光, 刘振宇, 等. 超快速冷却对中碳钢组织和性能的影响 [J]. 东北大学学报, 2011, 32 (1): 48~51.

[85] Wang B, Liu Z Y, Zhou X G, et al. Precipitation behavior of nano-scale cementites in hypoeutectoied steels during ultra fast cooling and their strengthening effects [J]. Materials Science and Engineering A, 2013, 575: 189~198.

[86] 刘振宇, 王斌, 王国栋. 纳米级渗碳体强韧化节约型高强钢研究 [J]. 鞍钢技术, 2013 (6): 1~7.

[87] 王斌, 刘振宇, 冯洁, 等. 超快速冷却条件下碳素钢中纳米渗碳体的析出行为和强化作用 [J]. 金属学报, 2014, 50 (6): 652~658.

[88] 傅杰, 李光强, 于月光, 等. 基于纳米铁碳析出物的钢综合强化机理 [J]. 中国工程科学, 2011, 13 (1): 31~42.

[89] 傅杰, 吴华杰, 刘阳春, 等. HSLC 和 HSLA 钢中的纳米铁碳析出物 [C] // 2006 薄板坯连铸连轧国际研讨会, 2006: 43~52.

［90］ 傅杰. 新一代低碳钢——HSLC 钢 ［J］. 中国有色金属学报，2004，14（s.1）：82~90.

［91］ 路士平，王彦峰，王海宝，等. Q345C 钢 Mn 含量减量化试验研究 ［J］. 轧钢，2017
（2）：10~13.

［92］ 徐党委，郭世宝，孙广辉，等. 热连轧 HSLA 钢 Q345B 减量化生产实践 ［J］. 河南冶金，
2014，22（4）：39~42.

［93］ 孔德强，孙建林，高雅. 减量化轧制中厚板 ［J］. 金属世界，2010（3）：41~43.

［94］ Wang B, Wang Z D, Wang B X, et al. The relationship between microstructural evolution and
mechanical properties of heavy plate of low-Mn steel during ultra fast cooling ［J］. Metallurgical
& Materials Transactions A, 2015, 46（7）: 2834~2843.

［95］ 张唤唤，张田，张祖江，等. 韶钢 Q345B 合金减量工艺研究 ［J］. 南方金属，2016
（1）：10~13.

［96］ Miyamoto G, Shinyoshi T, Yamaguchi J, et al. Crystallography of intragranular ferrite formed
on（MnS+ V（C, N））complex precipitate in austenite ［J］. Scripta Materialia, 2003, 48
（4）: 371~377.

［97］ Hu J, Du L X, Zang M, et al. On the determining role of acicular ferrite in VN microalloyed
steel in increasing strength-toughness combination ［J］. Materials Characterization, 2016, 118:
446~453.

［98］ Hu J, Du L X, Wang J J, et al. Effect of welding heat input on microstructures and toughness
in simulated CGHAZ of V-N high strength steel ［J］. Materials Science and Engineering: A,
2013, 577: 161~168.

［99］ Zhang Z, Chen D L. Consideration of Orowan strengthening effect in particulate-reinforced
metal matrixnanocomposites: A model for predicting their yield strength ［J］. Scripta
Materialia, 2006, 54（7）: 1321~1326.

［100］ Mura T, Qin S, Fan H. A theory of fatigue crack initiation ［M］ // Fracture of Engineering
Materials and Structures. Springer, Dordrecht, 1991: 57~68.

RAL·NEU 研究报告

（截至 2018 年）

No. 0001 大热输入焊接用钢组织控制技术研究与应用

No. 0002 850mm 不锈钢两级自动化控制系统研究与应用

No. 0003 1450mm 酸洗冷连轧机组自动化控制系统研究与应用

No. 0004 钢中微合金元素析出及组织性能控制

No. 0005 高品质电工钢的研究与开发

No. 0006 新一代 TMCP 技术在钢管热处理工艺与设备中的应用研究

No. 0007 真空制坯复合轧制技术与工艺

No. 0008 高强度低合金耐磨钢研制开发与工业化应用

No. 0009 热轧中厚板新一代 TMCP 技术研究与应用

No. 0010 中厚板连续热处理关键技术研究与应用

No. 0011 冷轧润滑系统设计理论及混合润滑机理研究

No. 0012 基于超快冷技术含 Nb 钢组织性能控制及应用

No. 0013 奥氏体-铁素体相变动力学研究

No. 0014 高合金材料热加工图及组织演变

No. 0015 中厚板平面形状控制模型研究与工业实践

No. 0016 轴承钢超快速冷却技术研究与开发

No. 0017 高品质电工钢薄带连铸制造理论与工艺技术研究

No. 0018 热轧双相钢先进生产工艺研究与开发

No. 0019 点焊冲击性能测试技术与设备

No. 0020 新一代 TMCP 条件下热轧钢材组织性能调控基本规律及典型应用

No. 0021 热轧板带钢新一代 TMCP 工艺与装备技术开发及应用

No. 0022 液压张力温轧机的研制与应用

No. 0023 纳米晶钢组织控制理论与制备技术

No. 0024 搪瓷钢的产品开发及机理研究

No. 0025 高强韧性贝氏体钢的组织控制及工艺开发研究

No. 0026 超快速冷却技术创新性应用——DQ&P 工艺再创新

No. 0027 搅拌摩擦焊接技术的研究

No. 0028 Ni 系超低温用钢强韧化机理及生产技术

No. 0029 超快速冷却条件下低碳钢中纳米碳化物析出控制及综合强化机理

No. 0030 热轧板带钢快速冷却换热属性研究

No. 0031 新一代全连续热连轧带钢质量智能精准控制系统研究与应用

No. 0032 酸性环境下管线钢的组织性能控制

（2019 年待续）